QIANSUAN XUDIANCHI
SHOUMING PINGGU JI YANSHOU JISHU

铅酸蓄电池
寿命评估及延寿技术

主　编　钟国彬
副主编　苏　伟　王　超　陈　冬
参　编　陈天生　魏增福　刘新天　黄尚南

中国电力出版社
CHINA ELECTRIC POWER PRESS

内 容 提 要

本书基于设备全生命周期管理理念，在对变电站用铅酸蓄电池寿命曲线和失效模式研究的基础上，对影响蓄电池浮充寿命的本体参数、运维工况进行分析，对蓄电池在线监测及核容技术、检测技术、修复再生技术也进行了介绍，对蓄电池设备采购过程中的品质控制、运行过程中的维护管理、退役后的修复利用具有参考意义。

全书共分九章，主要内容包括变电站直流系统概况、铅酸蓄电池基础知识、铅酸蓄电池的浮充寿命、站用铅酸蓄电池的典型失效模式、铅酸蓄电池在线监测及核容技术、铅酸蓄电池检测技术、铅酸蓄电池本体参数对浮充寿命的影响研究、铅酸蓄电池运维工况对浮充寿命的影响、铅酸蓄电池修复再生技术等。

本书可作为从事直流电源设备检修、试验、运行、安装调试的一线生产人员，以及蓄电池制造商、生产、管理人员岗位技能培训教材，也可作为从事电力生产的管理人员、生产技术人员的参考书。

图书在版编目（CIP）数据

铅酸蓄电池寿命评估及延寿技术/钟国彬主编.—北京：中国电力出版社，2018.11（2021.4重印）
ISBN 978-7-5198-2529-4

Ⅰ．①铅… Ⅱ．①钟… Ⅲ．①铅蓄电池-寿命评价 Ⅳ．① TM912.1

中国版本图书馆 CIP 数据核字（2018）第 236093 号

出版发行：中国电力出版社
地　　址：北京市东城区北京站西街 19 号（邮政编码 100005）
网　　址：http://www.cepp.sgcc.com.cn
责任编辑：畅　舒（15001354104，010-63412312）　董艳荣
责任校对：黄　蓓　常燕昆
装帧设计：王红柳
责任印制：吴　迪

印　　刷：三河市万龙印装有限公司
版　　次：2018 年 11 月第一版
印　　次：2021 年 4 月北京第二次印刷
开　　本：787 毫米 ×1092 毫米　16 开本
印　　张：11.5
字　　数：240 千字
印　　数：1001—2000 册
定　　价：68.00 元

前　言

随着变电站自动化、智能化的程度越来越高以及值守无人化的推广，变电站直流电源承担的角色越来越重要。在变电站中，直流系统的蓄电池组与充电机并联，一起对继电保护、自动装置、自动化设备、断路器跳合闸机构等重要的直流负荷进行供电，当交流失电时，充电机不能输出直流电，蓄电池组作为唯一的直流电源对直流负荷进行供电。紧急情况下的蓄电池失效将可能导致变电站的重大运行事故。因此，蓄电池组是直流电源系统的核心，其性能质量关系整个变电站的安全稳定运行。近年来发生了多起蓄电池故障引起的变电站全站失压事件，影响恶劣。此外，蓄电池组的使用寿命普遍缩短，远远低于 10～12 年的设计使用寿命，也引起了电网人的重视。

铅酸蓄电池作为变电站主要的备用电源，却历来是电网研究的薄弱点，也是基层运维人员维护的难点。一方面由于蓄电池平时都处于待命状态，真正发挥作用的机会不多，很容易被忽略；另一方面蓄电池核容时间长，工作量大，且两次核容间隔的时间过长，中间留下很长的电池健康状态空白期。日常巡检仅靠巡检仪记录蓄电池单体电压，不能准确、有效地反映电池实际情况。为了延长蓄电池的使用寿命和提高使用可靠性，南方电网组织对变电站用铅酸蓄电池进行了研究。

本书基于设备全生命周期管理理念，在对变电站用铅酸蓄电池寿命曲线和典型失效模式研究的基础上，对影响蓄电池浮充寿命的各种本体参数、运维工况进行分析，对蓄电池在线监测及核容技术、检测技术、修复再生技术也进行了介绍。内容覆盖蓄电池全生命周期，对蓄电池设备采购过程中的品质控制、运行过程中的维护管理、退役后的修复利用具有参考意义。

全书共分九章，第 1 章介绍了铅酸蓄电池发展概况、变电站直流电源系统概况和铅酸蓄电池在变电站应用现状；第 2 章介绍了铅酸蓄电池的基础知识，包括工作原理、基本构造、制造工艺、性能参数和特点等；第 3 章介绍了铅酸蓄电池浮充寿命的影响因素，并结合历史数据和加速老化试验结果对变电站用蓄电池的寿命曲线进行分析；第 4 章介绍了铅酸蓄电池常见的失效模式，以及变电站直流电源特定应用场景下的典型失效模式；第 5 章介绍了铅酸蓄电池在线监测技术、在线核容技术以及发展趋势；第 6 章在分析比较蓄电池检测标准的基础上，提出了一套检测与质量评价方法；第 7 章介绍了蓄电池本体参数对浮充寿命的影响，包括正极板栅合金、投铅量、汇流排合金、装配压缩比、安全阀压、电解液密度、电解液饱和度和杂质含量等；第 8 章介绍了铅酸蓄电池运维工况对浮充寿命的影响，包括环境温度、浮充电压、电池一致性和存储条件等；第 9 章介绍了铅酸蓄电池修复再生技术，特别是一种高分子材料修复液技术的应用效果和案例。

前　言

　　书中内容主要出自作者及其团队的研究成果，研究工作和本书的出版由南方电网公司重点科技项目（K-GD2014-165）资助。广东电网有限责任公司电力科学研究院钟国彬编写了第 1~9 章，并对全书进行了校核，陈天生参与了第 1 章的编写，王超博士参与了第 6 章的编写；广东电科院能源技术有限责任公司的苏伟、魏增福参与了第 1~3 章的编写，并对研究提供了大量的技术支撑；浙江南都电源动力股份有限公司的陈冬博士参与了第 4、7、8 章的编写；合肥工业大学的刘新天研究员参与了第 5 章的编写；广州泓淮能源科技有限公司的黄尚南为第 9 章的编写提供了案例数据。在编写过程中，作者参阅了大量国内外铅酸蓄电池有关的论文、专著和资料，在此对这些论文、专著和资料的作者和编者们表示感谢。

　　限于编者水平，书中难免存在不妥之处，敬请广大读者批评指正，并给予谅解。

　　作者联系方式：zhongguobin@gddky.csg.cn。

编者

2018 年 8 月

目 录

目 录

铅酸蓄电池
寿命评估及延寿技术

1

概　　述

1.1 铅酸蓄电池发展概况

1.1.1 铅酸蓄电池技术发展概况

铅酸蓄电池已有超过 150 年的历史。1859 年,法国科学家盖思腾·普朗特(Gaston Plante)用铅做极板,橡胶条料做隔板,10% 的硫酸为电解液,制作出了世界上第一只铅酸蓄电池。但当时由于电池极板的制作过程比较漫长,电池容量也低,铅酸蓄电池的应用非常有限。

150 多年间,铅酸蓄电池经历了大量的设计改进和技术进步,产品不断更新换代和日臻完善。时至今日,铅酸蓄电池仍然被广泛使用,在世界范围内的产值产量方面,仍居各种化学电源与物理电源的首位。表 1-1 列出了铅酸蓄电池技术发展进步的重要事件。

表 1-1　　　　　　　　　　铅酸蓄电池技术发展里程碑

年代	人物	里程碑事件
1859	Plante	发明了第一只实用化铅酸蓄电池
1881	Faure	用氧化铅-硫酸铅膏涂在铅箔上制作正极板,增加了容量
1881	Sellon	提出用 Pb-Sb 合金铸造板栅
1882	Gladstone 和 Tribs	提出双硫酸盐化理论
1935	Haring 和 Thomas	用铅钙合金板栅替换了铅锑合金,缓解了需要经常维护的问题
1957	Otto Jache	使用凝胶电解液
1967	McClelland 和 Devitt	引进了超细玻璃纤维(AGM)隔板,阀控密封式铅酸蓄电池诞生
20 世纪 80 年代		高功率的双极性电池应用于 UPS、电动工具等领域
2004	L. T Lam	铅炭电池

铅酸蓄电池在 19 世纪 80 年代才得到大规模的发展,今天普遍采用的涂膏式极板是由福尔(Faure)在 1881 年提出,之后,福尔设计发明了用多孔铅板支撑氧化物的袋式极板;谢朗(Sellon)在 1881 年提出用铅锑合金铸造板栅,后经不断改进,锡、砷、银等成分的加入使得这种以铅、锑为主要组分的合金在铅酸蓄电池板栅材料中长期占据主导地位。

1982 年,格莱斯顿(Gladstone)和特里波(Tribs)提出了关于铅酸蓄电池反应的"双极硫酸盐理论"(double-sulfate theory),认为铅酸蓄电池在放电时正极和负极都生成硫酸铅。关于这一理论争论了很多年,到 20 世纪初才从实验上证实了该理论的正确性;又经过 30 多年,从热力学的角度也证实了其正确性。

正极反应为

$$PbO_2 + 4H^+ + SO_4^{2-} + 2e^- \Longrightarrow PbSO_4 + 2H_2O \tag{1-1}$$

负极反板为

$$Pb + HSO_4^- - 2e^- \Longrightarrow PbSO_4 + H^+ \tag{1-2}$$

总反应为

$$PbO_2 + Pb + 2H_2SO_4 \Longrightarrow 2PbSO_4 + 2H_2O \tag{1-3}$$

到了 20 世纪前半叶，采用铅锑合金作为板栅的铅酸蓄电池面临易失水、需要经常维护的问题。1935 年贝尔实验室的哈林（Haring）和托马斯（Thomas）用铅钙合金替换了铅锑合金，缓解了需要经常维护的问题。1957 年阳光公司的奥托（Otto）推出了凝胶电解液，并以此设计出了密封铅酸蓄电池。20 世纪 50 年代和 60 年代中，铅酸蓄电池的制造工艺有较大发展：用塑料代替硬质橡胶制造蓄电池槽和盖；采用薄型极板并改进板栅设计；采用低锑或无锑合金铸造板栅等。到了 1967 年，美国盖茨公司的唐纳德·麦克莱兰（Donald McClelland）和约翰·德维特（John Devitt）引进了玻璃纤维膜（Absorbent Glass Mat，AGM）作为隔板，这种隔板既可以提供氧通道又可以吸附电解液，至此，阀控密封式铅酸蓄电池（Valve Regulated Lead Acid Battery，VRLAB）诞生。这种电池发展迅速，目前变电站用的铅酸蓄电池多为此种电池。至 21 世纪，由先进铅酸蓄电池联合会（Advanced Lead Acid Battery Consortium，ALABC）资助的项目通过在活性物质中添加碳和其他添加剂改善蓄电池的充电接受能力。2004 年，澳大利亚联邦科学及工业研究组织（CSRIO）的 L. T. Lam 等人提出了超级电池的概念，并申请了"高性能储能装置"的专利，给出了超级电池铅电池电极和活性炭电容器共用一个二氧化铅正极的基本结构。日本工作者在此基础上开始了超级蓄电池的研究和商业化开发工作，在 2007 年 4 月，将该铅炭超级电池应用于混合动力车上，并进行了实车测试，2008 年通过了约 160000km（10 万英里）的寿命测试，电池的健康状态仍然非常好。铅炭电池和双极性电池继续推进先进铅酸蓄电池的进步。

1.1.2 铅酸蓄电池在我国的发展

我国铅酸蓄电池的发展始于 20 世纪 50 年代，最早发展的铅酸蓄电池为形成式铅酸蓄电池，该类电池是采用化成充电的方式使正极铅表面的 Pb 转化成 PbO_2，缺点是不适合大电流放电，且生产工艺复杂。到 1960 年左右，极板类型开口式铅酸蓄电池逐渐取代了形成式的铅酸蓄电池。开口式铅酸蓄电池当时已经应用于电力工业和通信等部门，但是该类电池存在酸雾多、补水频繁、占地大、电池充电要求高等缺点。到了 1970 年以后逐渐被固定型防酸隔爆式和消氢式铅酸蓄电池所代替。防酸隔爆型电池是通过加了防酸隔爆帽之后减少了酸雾的析出，而同时蓄电池内部不易发生爆炸，但仍然可能有氢气和氧气析出，只能算作半密封电池；消氢式铅酸电池则是在蓄电池的密封盖上装置了含催化剂的催化栓，利用活性催化剂将析出的氢气和氧气化合成水，增加了电池安全性。

阀控式铅酸蓄电池是铅酸蓄电池发展到现代最成熟的类型，它很好地解决了酸液和酸雾外溢的问题，使得铅酸电池能与其他电子设备一起使用，大大地扩展了其应用领域。我国从 20 世纪 80 年代开始研制小型阀控式密封铅酸蓄电池，到了 20 世纪 90 年代该类型电池已经遍及全国。随着生产工艺的完善、生产设备的进步，阀控式密封铅酸蓄电池以其性能优势在短短的几年内几乎取代了所有的旧式铅酸蓄电池。相应的关于该类电池的质量考核技术标准也应运而生，GB/T 19638—2014《固定型阀控式铅酸蓄电池》（所有部分）和 DL/T 637—1997《阀控式密封铅酸蓄电池订货技术条件》是该类电池在电力行业应用的重要参考标准。

1.1.3 变电站用铅酸蓄电池发展历程

国内变电站站用直流电源，20 世纪 50 年代以前使用的绝大多数是开口铅酸蓄电池，这类电池耐震性能差、易漏液、充电要求高，放电特性差，而且维护工作量大，一般寿命为 5～10 年。在 20 世纪 70～80 年代，镉镍蓄电池成套装置开始发展起来，这类电池具有体积小、安装维护方便、可靠性高、不污染环境、使用寿命长、节约能源等优点，特别是镉镍蓄电池可以连续多次提供高倍率的大电流放电，非常适应断路器合闸使用，因此逐步取代了最初的开口式铅酸蓄电池。

镉镍蓄电池的维护工作量虽然已比铅酸蓄电池大大减少，但尚不能做到免维护，不能实现变电站中无人值守。国外发达国家于 20 世纪 70 年代左右就开始大量采用镉镍蓄电池，生产铅酸蓄电池的工厂面临倒闭的困境。这样有关厂家为了挽救企业，不断改进铅酸蓄电池，最终推出了阀控式密封铅酸蓄电池。阀控式密封铅酸蓄电池体积小、比能量大、无污染，在性能与使用寿命上均能与镉镍蓄电池相媲美；而在使用与维护、运输与保存上则比镉镍蓄电池简单得多。这样就减少了维护工作量，使变电站无人值守成为现实。到了 20 世纪 90 年代，随着我国电力和通信事业的迅猛发展，阀控式密封铅酸蓄电池已逐步开始广泛使用，目前我国几乎所有变电站用的直流电源均为阀控式密封铅酸蓄电池。

1.2 变电站直流电源系统概况

变电站直流电源系统主要由蓄电池组、充电设备、直流屏等设备组成。它的主要作用是正常时为变电站内的断路器提供合闸直流电源；故障时，当厂、站用电中断的情况下为继电保护及自动装置、断路器跳闸与合闸、载波通信、发电厂直流电动机拖动的厂用机械提供工作直流电源。变电站直流电源系统的正常与否直接影响电力系统的安全、可靠运行。

1.2.1 变电站直流电源系统配置标准

变电站直流设备系统的配置、选型和设计主要依据 DL/T 5044—2014《电力工程直流系统设计技术规程》以及各电网公司的相关规范和标准，其中关于直流电源系统电压以及蓄电池组的相关配置原则如下：

1.2.1.1 直流系统标称电压

（1）专供控制负荷的直流系统宜采用 110V，也可采用 220V。

（2）专供动力负荷的直流系统宜采用 220V。

（3）控制负荷和动力负荷合并的直流系统宜采用 110V 或 220V。

（4）当采用弱电控制或弱电信号接线时，采用 48V 及以下的直流标称电压。

（5）全站直流控制电压应采用相同电压，扩建和改建工程宜与已有站直流电压一致。

1.2.1.2　直流系统母线电压

（1）在正常运行情况下，直流母线电压应为直流系统标称电压的 105%。

（2）在均衡充电运行情况下，直流系统的母线电压应满足如下要求：

1）专供控制负荷的直流系统，应不高于直流系统标称电压的 110%。

2）专供动力负荷的直流系统，应不高于直流系统标称电压的 112.5%。

3）对控制负荷和动力负荷合并供电的直流系统，应不高于直流系统标称电压的 110%。

1.2.1.3　蓄电池组形式

（1）大型和中型发电厂、220kV 以上变电站和直流输电换流站宜采用防酸式蓄电池或阀控式密封铅酸蓄电池。

（2）小型发电厂及 110kV 变电站宜采用阀控式密封铅酸蓄电池、防酸式蓄电池，也可采用高倍率镉镍碱性蓄电池。

（3）35kV 及以下变电站和发电厂辅助车间宜采用阀控式密封铅酸蓄电池，也可采用高倍率镉镍碱性蓄电池。

1.2.1.4　蓄电池组数

（1）220～550kV 变电站应装设不少于 2 组蓄电池。当配电装置内设有继电保护室时，可将蓄电池分组装设。

（2）110kV 及以下变电站宜装设 1 组蓄电池，对于重要的 110kV 变电站也可装设 2 组蓄电池。

（3）直流输电换流站站用蓄电池应装设 2 组蓄电池。极用蓄电池每极可装设 2 组蓄电池。

（4）对于 48V 及以下的直流系统，当采用蓄电池组供电时，可装设 2 组蓄电池。

1.2.2　变电站直流电源系统技术要求

变电站直流电源系统的技术要求包括系统组成、母线调压装置、结构与元器件、电气间隙、保护及报警功能等诸多要求。本部分只重点介绍蓄电池组（柜）相关的技术要求。

1.2.2.1　蓄电池组（柜）

（1）容量在 300Ah 及以下的阀控式密封铅酸蓄电池组可装在蓄电池组柜内，容量在 300Ah 以上的蓄电池组宜安装在专用蓄电池室内。

（2）安装阀控式密封铅酸蓄电池组的蓄电池组柜内应装设温度计。

（3）蓄电池组柜体结构应有良好的通风、散热。

（4）直流系统应设有专用的蓄电池放电回路，其直流断路器容量应满足蓄电池容量要求。

1.2.2.2 蓄电池绝缘电阻

（1）电压为 220V 的蓄电池组绝缘电阻不小于 200kΩ。

（2）电压为 110V 的蓄电池组绝缘电阻不小于 100kΩ。

（3）电压为 48V 的蓄电池组绝缘电阻不小于 50kΩ。

1.2.2.3 蓄电池容量

阀控式密封铅酸蓄电池应按照表 1-2 规定的充放电电流和放电终止电压规定值进行容量试验。蓄电池组应进行 3 次充放电循环，第三次达到额定容量。相关参数说明在本书第二章会有相关介绍。

表 1-2　　　　　　　阀控式密封铅酸蓄电池充放电电流和放电终止电压

标称电压（V）	放电终止电压（V）	额定容量（Ah）	充放电电流（A）
2	1.8	C_{10}	I_{10}
6	5.4（1.8×3）	C_{10}	I_{10}
12	10.8（1.8×6）	C_{10}	I_{10}

注　C_{10} 为 10h 率额定容量；I_{10} 为 10h 率放电电流。

1.2.2.4 事故放电能力

阀控式密封铅酸蓄电池组按规定的事故放电电流放电 1h 后，叠加规定的冲击电流，进行 10 次冲击放电。每次冲击放电时间为 500ms，两次之间间隔时间为 2s，在 10 次冲击放电的时间内，直流母线上的电压不得低于直流标称电压的 90%。阀控式密封铅酸蓄电池组事故放电电流及冲击电流值如表 1-3 所示。

表 1-3　　　　　　阀控式密封铅酸蓄电池组事故放电电流及冲击电流值

标称电压（V）	额定容量（Ah）	事故放电时间（h）	事故放电电流（A）	冲击电流（A）
2	≥200	1	I_{10}	$8I_{10}$
6	≤100	1	$2I_{10}$	$16I_{10}$
12	≤100	1	$2I_{10}$	$16I_{10}$

1.2.2.5 负荷能力

阀控式密封铅酸蓄电池组在正常浮充电状态下运行，当提供冲击负荷时，要求其直流母线上的电压不得低于直流标称电压的 90%。

1.2.2.6 连续供电

直流设备在正常运行时，交流电源突然中断，直流母线应连续供电，要求其直流母线电压波动瞬间的电压不得低于直流标称电压的 90%。

1.2.3 阀控式密封铅酸蓄电池直流系统特点

采用阀控式密封铅酸蓄电池作为直流电源的直流系统与其他电池的直流系统相比具有以下特点：

（1）充电装置推荐采用微机型高频开关整流装置，提高充电质量和自动化水平。

（2）取消端电池调整器和降压装置，简化接线，提高了系统的可靠性。

（3）增加放电装置的自动开关，便于运行中的定期充、放电试验。

（4）蓄电池、充电装置、负荷开关采用直流自动空气断路器，提高切断直流回路的短路电流能力，提高可靠性。

（5）电池监测装置可以提高自动化水平，能实时监视蓄电池的端电压和内阻，当发现并判断蓄电池出现故障时，能及时发出报警信号。

（6）直流绝缘监测装置和电压监视装置建议使用微机型装置，提高绝缘监测的灵敏度和可靠性。

（7）充电装置、绝缘监测装置、电压监视装置等均有 RS-232 或 RS-485 通信接口和有触点接口，便于变电站 SCS 与调度所遥测、遥信、遥控系统接口。

（8）简化常测表计，大多数均采用数字式液晶显示触摸屏或 CRT 显示。

1.3　铅酸蓄电池在变电站应用现状

1.3.1　站用铅酸蓄电池概况

变电站自动化、智能化和值守无人化是电网发展的主要趋势。全国各省的电网公司在 500kV、330kV、220kV、110kV、66kV、35kV、10kV 等多种不同电压等级的变电站上逐步推行无人化，其中 110kV 及以下等级的变电站已基本实现了值守无人化。由于变电站自动化、智能化的程度越来越高以及值守无人化的推广，变电站直流电源承担的角色越来越重要。在变电站中，直流系统的蓄电池组与充电机并联，一起对继电保护、自动装置、自动化设备、断路器跳合闸机构等重要的直流负荷进行供电，当交流失电时，充电机不能输出直流电，蓄电池组作为唯一的直流电源对直流负荷进行供电。紧急情况下的蓄电池失效将可能导致变电站的重大运行事故。因此，蓄电池组是直流电源系统的核心，其性能质量影响整个变电站的安全稳定运行。

2013 年 4 月，贵州某 220kV 变电站发生全站失压事故，经事故分析是由于蓄电池组故障而引起。经过事故调查发现，该站铅酸蓄电池组出现大面积单体内阻过大，部分蓄电池几乎开路。事故发生时，瞬间的大电流致使薄弱的蓄电池开路，导致不能给继电保护装置及断路器跳合闸机构正常供电，最终引起全站失压。

2016 年 10 月，在台风登陆期间，广东某 220kV 变电站 110kV Ⅰ M、Ⅱ M 母线，及 4 座 110kV 变电站发生失压事件，损失负荷约 49MW，停电用户数 78571 户。经过事故调查发现，这也是一起由于蓄电池失效引起扩大的二级电力安全事件。

目前，作为变电站后备电源的蓄电池组基本均由多个铅酸蓄电池串联构成。铅酸蓄电池在运行过程中偶尔会发生故障，最严重的情况就是蓄电池开路，其次是蓄电池容量不足。开路将造成断路器无法进行正常的跳合闸，进而烧毁变压器或高压室。而容量不足则会造成变电站内的直流负荷在很短的时间内电压下降至很低，进而导致继电保护装置、自动装置、断路器跳合闸机构、应急照明等失电而无法工作。站用交流失电后，蓄电池组供电可大体分为两个时段：第一阶段，0~3min 内，确保系统安全的开关动作保护时段；第二阶段是保护开关正确动作之后为检修排除故障的 2~6h 时间段。相比之下，第一阶段尤为重要，能保证开关正常动作，就可以避免影响其他同级站，造成电网"坍塌"。而保证蓄电池在第一阶段能正常工作，最重要的是电池回路不能有开路或接近于不能正常提供负载的高内阻。

当前，变电站中普遍使用的是固定型阀控式密封铅酸蓄电池。此类蓄电池设计寿命一般长达 10~12 年（部分厂家宣称浮充寿命 15 年），优点是密封好、性价比高、不用补充电解液和蒸馏水、无污染、大电流放电能力强等。然而，铅酸蓄电池的缺点在于对运行维护、运行环境的要求较高，如果环境较为恶劣，运行维护不及时或者不到位，阀控铅酸蓄电池组往往会出现提前失效。例如，110kV 无人值守变电站，若夏季太阳直射情况下，站用电一旦中断，站内空调停电后，变电站内的室温将很快升高至 50℃ 左右，此种环境温度下的铅酸蓄电池将会遭受很大的温度冲击。若恶劣环境频繁出现且巡检维护工作跟进不及时，铅酸蓄电池失效年限将大大提前。

1.3.2 南方电网站用铅酸蓄电池抽检情况

2013 年，南方电网公司对运行 5 年以上的铅酸蓄电池组开展普查，进行核容试验和内阻测试。普查结果发现有 186 组蓄电池容量不合格，部分蓄电池容量甚至不足初始容量的 25%，此外，从汇总的情况来看，大部分蓄电池组的使用寿命只有 5~6 年，部分蓄电池组甚至使用不到 2 年就发现有部分电池失效，这远远低于阀控式铅酸铅酸蓄电池的设计使用寿命（10~12 年）。南方电网公司 2013 年铅酸蓄电池寿命普查情况如图 1-1 所示。

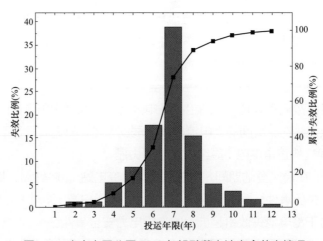

图 1-1 南方电网公司 2013 年铅酸蓄电池寿命普查情况

2013 年，南方电网公司组织了站用交直流系统蓄电池设备专项质量抽检检测工作。此次专项抽检共涉及 5 家供应商的 13 组蓄电池，每组 6 只，共计 78 只，检测项目共计 17 项，具体结果如表 1-4 所示。其中防酸雾能力一项无一合格，专项抽检样品的合格率为 0%。

表1-4

蓄电池专项抽检结果一览表

序号	检测项目	UXL440-2NFR	GFM-300Ah/2V	UXL330-2NFR	GFM-300Ah/2V	GFM-100	GFMG-490	GFM-10CJC	UXL330-2NFR	GFM-300Ah/2V	CG2-500	CG2-300	GFMJ-300	CL200
1	外观	合格	合格	合格	不合格	合格	合格	合格	合格	合格	合格	合格	合格	合格
	极性	合格	合格	合格	合格	合格	合格	合格	合格	合格	合格	合格	合格	合格
	重量	合格	合格	合格	合格	合格	合格	合格	合格	合格	合格	合格	合格	合格
2	气密性	合格	合格	合格	合格	合格	合格	合格	合格	合格	合格	合格	合格	合格
3	10h率容量	合格	合格	合格	合格	合格	合格	合格	合格	合格	合格	合格	合格	合格
4	连接电压降	合格	不合格	合格	合格	不合格	不合格	合格	合格	合格	合格	合格	不合格	合格
5	电压均衡性	合格	合格	合格	合格	合格	合格	合格	合格	合格	合格	合格	合格	合格
6	排气阀动作	合格	合格	合格	合格	不合格	不合格	合格	合格	合格	合格	合格	不合格	合格
7	防爆能力	合格	合格	合格	合格	合格	合格	合格	合格	合格	合格	合格	合格	合格
8	气体析出量	合格	合格	合格	合格	合格	合格	合格	合格	合格	合格	合格	合格	合格
9	材料阻燃性	合格	合格	合格	合格	不合格	不合格	合格	合格	合格	合格	合格	不合格	合格
10	大电流耐受能力	合格	合格	合格	合格	不合格	合格	合格	合格	合格	合格	合格	合格	合格
11	短路电流与内阻水平	仅作参考	仅作参考	仅作参考	仅作参考	仅作参考	仅作参考	仅作参考	仅作参考	仅作参考	仅作参考	仅作参考	仅作参考	仅作参考
12	防酸雾能力	不合格	不合格	不合格	不合格	不合格	不合格	不合格	不合格	不合格	不合格	不合格	不合格	不合格
13	抗机械破损能力	合格	合格	合格	合格	合格	合格	合格	合格	合格	合格	合格	合格	合格
14	热失控敏感性	合格	合格	合格	合格	合格	合格	合格	合格	合格	合格	合格	合格	合格
15	耐过充电能力	合格	合格	合格	合格	不合格	合格	不合格	合格	合格	不合格	合格	合格	合格
16	再充电性能	合格	合格	合格	合格	合格	合格	合格	合格	不合格	不合格	合格	合格	不合格
17	低温敏感性	合格	合格	合格	合格	合格	合格	合格	合格	合格	合格	合格	合格	合格

在 13 组不合格样品中，4 组样品有 1 项不合格，4 组样品有 2 项不合格，2 组样品有 3 项不合格，2 组样品有 4 项不合格，最严重的 1 组样品有 6 项不合格，具体如表 1-5 所示。

表 1-5　　　　　　　　　　　　样品不合格项数情况表

不合格项数目（项）	1	2	3	4	6
对应样品数（组）	4	4	2	2	1
占不合格样品比率（％）	30.8	30.8	15.4	15.4	7.6

该专项抽检检测项目一共有 17 项，出现不合格的检测项目一共有 8 项，具体情况如图 1-2 所示。外观、连接电压降、大电流放电能力各有 1 组样品不合格；安全阀动作有 3 组样品不合格；电压均衡性、材料阻燃性各有 4 组样品不合格；再充电能力有 5 组样品不合格；防酸雾能力无一合格。

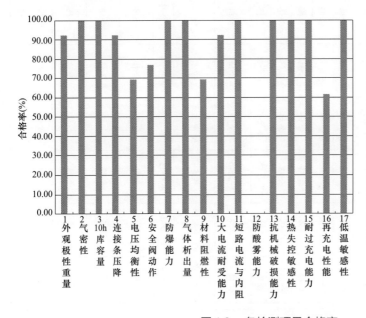

不合格项	合格率(%)
外观	92.31
连接电压降	92.31
电压均衡性	69.23
安全阀动作	76.92
材料阻燃性	69.23
大电流放电能力	92.31
防酸雾能力	0
再充电能力	61.54

图 1-2　各检测项目合格率

该专项抽检涉及 5 个供应商的 13 组样品，其中 A 公司 3 组，B 公司 5 组，C 公司 3 组，D 公司和 E 公司各 1 组。各供应商的样品得分情况如图 1-3 所示。其中 A 公司的样品得分最高，3 组样品均为 99.5 分；C 公司和 D 公司的样品得分也都在 99 分以上；B 公司和 E 公司的样品较差，平均得分只有 95.5 分，B 公司得分最低的一组样品仅为 92.5 分，有 6 个检测项目不合格。

从南方电网公司的蓄电池普查和专项抽检结果可以看出，目前变电站直流系统普遍使用的阀控密封式铅酸蓄电池存在以下问题：

（1）铅酸蓄电池寿命整体呈正态分布，平均运行寿命约为 6 年，远远低于设计使用寿命 12 年，约 8% 的蓄电池甚至在 3 年内失效。

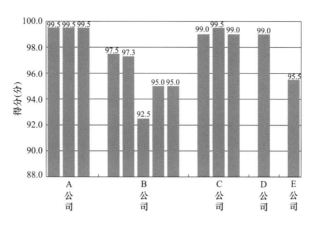

图 1-3　各供应商抽检样品得分

（2）铅酸蓄电池供应商众多，质量参差不齐。

（3）现有铅酸电池检测标准存在不足，蓄电池一致性、酸密度、总铅含量等关键指标缺乏检测方法和标准。

（4）蓄电池运维工作量巨大，运维规范不足。

铅酸蓄电池
寿命评估及延寿技术

铅酸蓄电池基础知识

2.1 铅酸蓄电池的工作原理

铅酸蓄电池是一种二次电池，其正极活性物质是二氧化铅，负极活性物质是粉状的金属铅，电解液是硫酸水溶液。由于变电站用铅酸蓄电池多为阀控式密封铅酸蓄电池，本章重点介绍 VRLA 电池的相关基础知识。铅酸蓄电池在其正、负极板上分别进行着如下的化学反应过程。

正极板为

$$PbO_2 + 3H^+ + HSO_4^- + 2e^- \longleftrightarrow PbSO_4 + 2H_2O \tag{2-1}$$

负极板为

$$Pb + HSO_4^- - 2e^- \longleftrightarrow PbSO_4 + H^+ \tag{2-2}$$

由上面的反应方程式可以看出，在放电期间，铅酸蓄电池正极的活性物质二氧化铅和负极的活性物质海绵状铅与电解液硫酸进行化学反应生成硫酸铅。在充电期间，正极板上的硫酸铅氧化生成了二氧化铅，而此时负极板上的硫酸铅还原成铅（海绵状）。

正极为

$$H_2O - 2e^- \longrightarrow 1/2O_2 \uparrow + 2H^+ \tag{2-3}$$

负极为

$$2H^+ + 2e^- \longrightarrow H_2 \uparrow \tag{2-4}$$

除了上述反应外，阀控式铅酸蓄电池正、负极在充电末期还会伴随着析氢、析氧副反应，如式（2-3）和式（2-4）所示。一般，当正极的充电态达到 70% 时氧气开始析出，而负极充电到 90% 时开始发生析氢反应。正极析出的氧跟负极新生成的活性物质铅可以很快起反应。利用这些特点，阀控式密封铅酸蓄电池设计时采用"紧装配"结构，使正极析出的氧气不容易直接到达极群上部空间，加之采用 AGM 隔板和"贫液式"设计，使正极析出的氧气很方便地到达负极，被新生成的负极活性物质铅吸收，发生如下反应，即

$$O_2 + 2Pb \longrightarrow 2PbO \tag{2-5}$$

$$PbO + H_2SO_4 \longrightarrow PbSO_4 + H_2O \tag{2-6}$$

生成的硫酸铅在充电时继续发生式（2-2）所示反应，生成铅。铅由于跟氧起反应，析氢反应推迟出现。再加上负极活性物质过量，可使电池的析氢速度降到极小。根据以上分析可以看出，阀控式密封铅酸蓄电池在充电时，正极板上失去的水将会由负极板上生成的水来补充，形成"氧循环"，从而达到密封铅酸蓄电池在使用时免加水维护的目标。上述机理如图 2-1 所示。

值得注意的是，尽管阀控式密封铅酸蓄电池由于可以免除补加水操作而被称为"免维护"蓄电池，但是"免维护"的含义并不是任何维护都不做，相反，为了提高蓄电池的使用寿命，阀控式密封铅酸蓄电池除了免除加水，其他方面的维护与普通铅酸蓄电池基本一致。

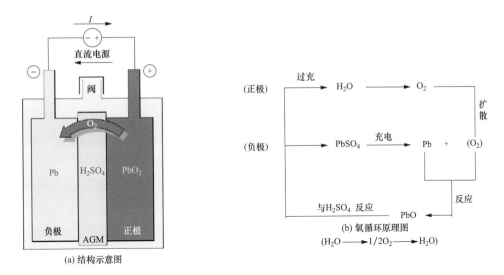

(a) 结构示意图

图 2-1　阀控式密封铅酸蓄电池结构示意图及氧循环原理图

2.2　铅酸蓄电池的基本构造

VRLA 电池的基本构造包括正、负极板,隔板,汇流排,正、负极柱,安全阀,电解液和电池槽、电池盖等主要部件,具体结构如图 2-2 所示。

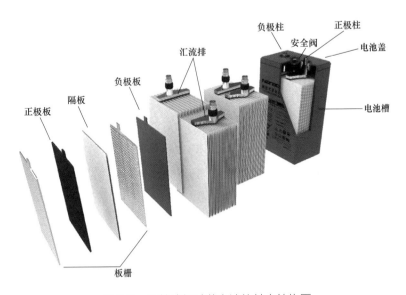

图 2-2　阀控式铅酸蓄电池的基本结构图

2.2.1　正、负极板

VRLA 电池的正、负极板由板栅和活性物质两部分组成。板栅一般制造成网格状,其作用是支撑活性物质和实现导电功能，但并不参与电化学反应。活性物质是 VRLA 电池的核心材料，通过可逆电化学反应实现能量的转换与存储。正、负极板的性能直接决定了蓄电池的性能好坏。VRLA 电池正、负极活性物质的配比使负极过量，以防止充电过程中负极析出氢气。

2.2.2 隔板

隔板是铅酸蓄电池正、负极之间的隔离材料，它的作用是保证电池的正、负极不会直接接触，防止发生短路而烧坏蓄电池。此外隔板还具有储存电解液的作用，是电解液水和硫酸的载体，具有好的电解液保持能力、高孔率、较低的电阻和良好的化学稳定性等特点，在电池充电过程中可以为正极板上产生的氧提供到达负极的通道。目前，VRLA 电池普遍采用超细玻璃纤维棉（AGM）隔板。

2.2.3 正、负极柱

铅酸蓄电池的正、负极柱是电池的外电路输出点。其根据不同的厂商或者不同的使用要求可以制作成多种形状，如棒状等。通常还需要采用焊接或者使用黏结剂的方式使得蓄电池端子密封。

2.2.4 安全阀

安全阀也叫排气阀，其作用是当 VRLA 电池内的压力大于一定预设值时，能及时释放蓄电池内部气体；当蓄电池内的气压低于闭阀压力时，安全阀重新关闭，从而维持蓄电池内部压力大小，并且阻碍外部空气进入蓄电池。

2.2.5 电解液

铅酸蓄电池一般采用硫酸水溶液作为电解液，其主要作用是参与正、负极板的电化学反应以及传导电流，使得离子可以在正极和负极活性物质之间转移。VRLA 电池采用贫液式设计，即电解液完全被吸附在极板和超细玻璃纤维隔板内或采用胶体电解液。由于无流动的电解液，且玻璃纤维或胶体中存在着微孔，使正极析出的氧气能快速地扩散到负极上被还原。

2.2.6 电池槽和电池盖

铅酸蓄电池的塑料外壳包括电池槽和电池盖，其主要作用一方面是存放电解液和支撑极群，另一方面又能保护蓄电池免受外界的各种机械作用、热作用及腐蚀等。铅酸蓄电池常用的塑料外壳材料为聚丙烯（PP）和丙烯腈-丁二烯-苯乙烯共聚物（ABS），富液电池主要用透明的丙烯腈-苯乙烯树脂（AS）。为了提高蓄电池塑料外壳的阻燃能力，通常会添加阻燃添加剂。

2.3　铅酸蓄电池的制造工艺

对于不同类型的铅酸蓄电池需要采用不同的生产工艺流程。但其极板的生产工艺，即从铅或铅基合金到生产出极板的过程大致相同，如图 2-3 所示。在生产出电池极板之后，需要将其进行组装，得到不同类型的铅酸蓄电池。其中，阀控式密封铅酸蓄电池的组装工艺流程图和示意图分别如图 2-4 和图 2-5 所示。

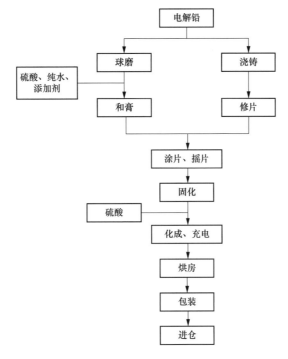

图 2-3　铅酸蓄电池极板生产工艺流程图

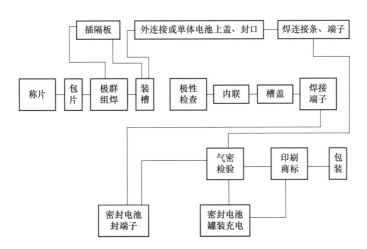

图 2-4　阀控式密封铅酸蓄电池组装工艺流程图

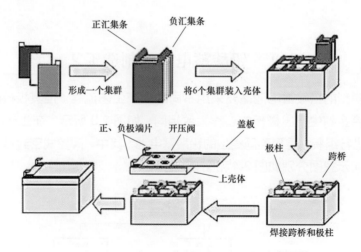

正汇集条　　负汇集条

形成一个集群　　将6个集群装入壳体

正、负极端片　开压阀　　盖板

极柱　　跨桥

上壳体

焊接跨桥和极柱

图 2-5　阀控式密封铅酸蓄电池组装工艺示意图

2.4　铅酸蓄电池的性能参数及特点

2.4.1　铅酸蓄电池性能参数

2.4.1.1　容量

蓄电池的容量是指一定条件下蓄电池实际所能输出的电量，通常以 Ah（安时）为单位，符号为 C。它是衡量蓄电池性能的重要指标，体现了电池储存电量的能力。容量一般采用电流和时间的积分进行定义，如式（2-7）所示。

$$C = \int_0^t I \mathrm{d}t \qquad (2-7)$$

式中　C——蓄电池容量；

　　　I——放电电流；

　　　t——放电时间。

蓄电池的容量包括理论容量、额定容量和实际容量。

（1）理论容量是指按照活性物质的质量，通过法拉第定律推理得到的最大容量值。

（2）额定容量又称为电池的标准容量，是指根据相关标准，规定蓄电池在某一指定放电条件下必须输出的最小限度的容量大小。一般情况下，阀控式铅酸电池会使用连续 10h 恒流放电所放出的容量来作为它的标准容量。

（3）实际容量是指蓄电池在实际放电条件下放出的电量，它等于放电过程中的电流与放电时间的积分。

2.4.1.2　电压

（1）电动势。蓄电池的电动势是指蓄电池在开路的条件下，正极平衡电极电动势与负极平衡电极电动势之差。它是由电池中进行的电化学反应所决定的，跟电池的形状与

尺寸无关。铅酸蓄电池的电动势可由式（2-8）计算得出

$$E = E^\theta + \frac{RT}{nF}\ln\frac{\alpha(H_2SO_4)}{\alpha(H_2O)} \qquad (2\text{-}8)$$

式中　E——电池电动势；

　　　E^θ——标准电动势；

　　　R——摩尔气体常数；

　　　T——绝对温度；

　　　n——化学反应中的电子得失数目；

　　　F——法拉第常数。

由式（2-8）可以看出，E^θ、H_2SO_4 的活度 $\alpha(H_2SO_4)$ 及 T 是影响电池电动势的主要因素。H_2SO_4 的活度（常用浓度表示）升高，电动势增加。

（2）开路电压。开路电压是指蓄电池在电路开路情况下电路两端的电压值，它等于没有电流通过电池两极时正极和负极之间的电位差。理论上蓄电池的开路电压不等于电动势，但由于蓄电池正极和负极的可逆性都比较好，所以两者数值上可能会接近。对于阀控式密封铅酸蓄电池，其开路电压可近似为硫酸浓度的函数，如式（2-9）所示，即

$$U_k = d + 0.85 \qquad (2\text{-}9)$$

式中　U_k——铅酸蓄电池开路电压；

　　　d——数值等于电解液的密度，V；

　0.85——经验数值，V。

（3）工作电压。工作电压是指当有电流流过电池外部回路时，在电池的正、负极之间产生的电动势差。放电过程中，该电压低于开路电压。工作电压有时也指蓄电池放电过程中相对平稳的放电电压。工作电压 U 与电池的电动势 E、放电电流 I、内阻 r 之间的关系如式（2-10）所示，即

$$U = E - Ir \qquad (2\text{-}10)$$

（4）初始电压。蓄电池在进行放电最开始时的工作电压称为电池的初始电压。

（5）充电电压。充电电压是指蓄电池在充电时两端的电压值。

（6）浮充电压。指蓄电池在浮充电状态下的充电电压值。

（7）终止电压。放电终止电压是电池在连续放电时最后能连续输出的最低工作电压值，一般情况下单体 VRLA 蓄电池放电的终止电压为 1.8V。

2.4.1.3　内阻

阀控式密封铅酸蓄电池的内阻是一个比较复杂的动态内阻，主要包括欧姆内阻与极化内阻两部分。欧姆电阻包括电池内部的电极、隔板、电解液、连接条和极柱等全部零部件的电阻。虽然在蓄电池整个寿命期间它会因板栅腐蚀和电极变形而改变，但是在每次检测电池内阻过程中可以认为是不变的。极化内阻又可以分为浓差极化内阻和活化极化内阻。浓差极化内阻是由反应离子浓度变化引起的，只要有电化学反应在进行，反应离子的浓度就总是在变化着的，因而它的数值是处于变化状态的，测量方法不同或测量持续

时间不同,其测得的结果也会不同。活化极化内阻是由电化学反应体系的性质决定的,电池体系和结构确定了,其活化极化内阻也就定了。只有在电池寿命后期或放电后期因电极结构和状态发生了变化而引起反应电流密度改变时才有改变,但其数值仍然很小。由于电池内阻的作用,在放电过程中,电池的电动势或开路电压总高于其端电压;在充电过程中,电动势或开路电压总低于其端电压。

在充、放电时,电池的内阻值不仅取决于活性物质,还与电解液浓度、充放电状态、温度、构造、材料等许多因素有关,它并不是常数,往往随时间的变化而变化。例如蓄电池在充电过程内阻由大变小,放电过程内阻由小变大;在低温条件下,随着温度的下降,内阻相应增大;在较高温度时,随着温度的升高,硫酸离子的扩散速率加快,导致极化电阻下降,但导体电阻却随温度上升而增加。通常变电站蓄电池处于浮充电状态,即蓄电池始终处于充满电的状态,因此对蓄电池进行内阻测量,并与历史测试数据进行比对,可以判断蓄电池的健康状况。

2.4.1.4 放电率

放电率是指以恒定电流大小表示的蓄电池放电速率,通常用以下两种方式表示:

(1)小时(h)率。用放电时间的小时数标明的放电电流值,常见的有 10h 率和 3h 率,是完全充电的蓄电池连续恒流放电至规定的终止电压的电量。相应的容量表示为 C_i,电流表示为 I_i,其中 i 表示连续恒流放电的小时数。例如一只蓄电池的 10h 率放电时额定容量为 300Ah,此时放电率(即放电电流)I_{10} = 300Ah/10h = 30A,同时,C_{10} = 300Ah。

(2)放电倍率。用放电电流(A)的数值与蓄电池额定容量(Ah)数值的比值(倍率)来标明的放电率的大小。例如 1 只蓄电池的额定容量为 300Ah,放电电流为 15A、30A 或 300A,则放电倍率分别为 0.05C、0.1C 或 1C。

铅酸蓄电池的放电电流大小对容量与活性物质的利用率影响很大,一般,在其他条件不变的情况下,蓄电池的容量随放电电流的增大而降低,即放电率越大,蓄电池放出的容量越小。

2.4.1.5 放电深度

放电深度(Depth of Discharge,DOD)是指蓄电池放出电量与其实际容量的比值,通常用百分数表示。例如实际容量为 300Ah(C_{10})的蓄电池,在以 30A 电流恒流放电 8h 后,其放出电量为 240Ah,放电深度为 80%。

2.4.1.6 寿命

阀控式密封铅酸蓄电池的寿命根据蓄电池使用方式的不同,可以分为使用寿命、循环寿命、搁置寿命和涓流充电寿命等。

(1)使用寿命。在规定条件下,蓄电池的有效寿命期限称为使用寿命。一般以时间为单位。

(2)循环寿命。在规定条件下,蓄电池的容量降至额定容量的 80%(如阀控式密封铅酸蓄电池)之前的充放电循环次数称为循环寿命。

（3）搁置寿命。激活后的蓄电池在特定条件下仍能保持规定电性能要求的贮存时间称为搁置寿命，又称为贮存寿命。

（4）涓流充电寿命。在规定条件下，蓄电池接受涓流充电，其容量降至额定容量之前经历的涓流充电时间称为涓流充电寿命，如小型阀控式密封铅酸蓄电池不应低于两年。

2.4.2 铅酸蓄电池性能特点

2.4.2.1 传统铅酸蓄电池性能特点

（1）传统铅酸蓄电池的类型虽然较多，但也存在一些共性的特点，其主要优点如下：

1）安全性好（电解液为稀硫酸，无爆炸易燃危险）、电池一致性高、单体电池容量大。

2）工艺优势明显。传统铅酸蓄电池产业链结构完整，生产设备成熟、先进。

3）价格便宜。主要原材料为铅、硫酸、塑料等，原材料资源丰富、廉价、稳定。

4）循环经济效益极高，铅酸蓄电池可 100% 回收，回收处理工艺技术成熟，回收处理设备先进，回收再利用率可达 96% 以上。废旧电池回收折价可达新电池成本的 40% 以上，整体循环经济效益是目前所有化学电池中最高的一种。

（2）铅酸蓄电池也存在一些固有的缺点：

1）充电速度慢，一般需要 8h 以上。

2）由于铅的比重太重，所以比能量和比功率偏低。

3）受正极铅膏软化、板栅腐蚀、负极不可逆硫化等影响，循环寿命偏低（300～500 次）。

4）受负极硫化影响，大电流脉冲充放电性能差。

5）过充电容易析出气体。

6）回收利用过程中处理不当会造成铅污染。

2.4.2.2 阀控式密封铅酸蓄电池性能特点

与传统的铅酸蓄电池相比，变电站常用的 VRLA 电池也有一些自身的性能特点：

（1）VRLA 电池的维护相对简单，无需补加水和调节酸的比重等维护工作。

（2）电池的极板采用新型合金材料，保证其抗腐蚀的能力，同时提高 H_2 释放的过电位，降低 H_2 的产生；电池的板栅采用无锑铅合金，电池的自放电系数很小；电池的隔板采用超细玻璃纤维，通过吸附使电解液沿隔板微孔扩散，使 O_2 很快流通到负极。

（3）电池采用密封式阀控滤酸结构，使酸雾不能溢出，对环境无污染；采用阀控式密封结构，保证外部气体不能进入电池内部，防止火花引起蓄电池爆炸的危险，同时当电池内部压力超过限定值时，安全阀可自动开启，进行排气，低于限定值时，安全阀会自动关闭。

（4）电池结构紧凑，内阻小，容量大，自放电小，放电性能优良，特别适合大电流放电，同时，具有较好的均匀性和充电承受能力。

（5）电池适合的温度范围广，使用寿命长，电池可立放或卧放使用，占地面积小，抗振性能好。

2.5 变电站用铅酸蓄电池

2.5.1 铅酸蓄电池型号及字母含义

根据 JB/T 2599—2012《铅酸蓄电池名称、型号编制与命名方法》，国内铅酸蓄电池型号含义分三段表示，第一段为串联的单体蓄电池数，第二段为蓄电池类型和特征代号，第三段为额定容量。例如 GF-300 表示 1 个单体固定阀控密封铅酸蓄电池，额定容量为300Ah，单体蓄电池数量为 1 的时候第一段可以省略。

对于储能型的铅酸电池，根据 GB/T 22473—2008《储能用铅酸蓄电池》，产品的型号为"X-CNF-XXX"，其中第一段为串联的单体蓄电池数，CN 代表储能，F 代表阀控式，最后一部分代表 10h 率额定容量。例如 6-CNF-100 含义：6 个单体，储能阀控式，10h 率额定容量 100Ah。

2.5.2 变电站用铅酸蓄电池主要名词术语

除了 2.4 节介绍的铅酸蓄电池的相关名词术语之外，作为变电站用铅酸蓄电池，还有一些专门的名词术语。

2.5.2.1 浮充电

正常运行时，充电装置承担经常负荷电流，同时向蓄电池组补充电，以补充蓄电池的自放电，使蓄电池以满容量的状态处于备用状态。单体 VRLA 电池的浮充电压为一般为2.23~2.28V，具体值由生产厂商提供。

2.5.2.2 均衡充电

均衡充电是指在电池的使用过程中，由于电池的个体差异、温度差异等原因造成电池端电压不平衡，为了避免这种不平衡趋势的恶化，需要提高电池组的充电电压，对电池进行活化充电，以达到均衡电池组中各个电池特性，延长电池寿命的维护方法。单体阀控式密封铅酸蓄电池的均衡充电电压一般为 2.3~2.4V，充电电流不大于 $1\sim1.25I_{10}$。

2.5.2.3 补充充电

补充充电指蓄电池在存放中由于自放电会导致容量逐渐减少，甚至损坏，按照厂家说明书，需定期进行的充电。

2.5.2.4 容量试验

新安装的阀控式密封铅酸蓄电池组，按设定的充电程序进行补充电，将蓄电池充满容量后，按规定的恒定电流进行放电，当其中一个电池放至终止电压时，容量试验即告结束。

2.5.2.5 核对性放电

按浮充方式运行的铅酸蓄电池，其极板表面容易逐渐产生硫酸铅结晶体，堵塞极板的微孔，阻碍电解液的渗透，从而增大蓄电池内阻，降低极板有效活性物质的作用，导致蓄电池容量下降。为使蓄电池极板有效活性物质得到活化，容量得到恢复，延长蓄电池使用寿命，保证蓄电池有足够的容量，应按直流电源系统管理规范有关规定的周期和方法进行核对性放电工作。

另外，对蓄电池进行核对性放电还可以及时发现老化和故障电池，以保证电池的安全正常运行。其方法是先将蓄电池组脱离运行，依规定的电流恒流放电，只要其中一个单体电池放到规定的终止电压，应停止放电，并计算出相应的实际容量。

2.5.2.6　100%容量冲击电流放电能力

VRLA电池的100%容量冲击电流放电能力测试在电池满容量条件下进行。按照相关标准，容量为50～200Ah的VRLA电池以$25I_{10}$冲击电流值，容量大于200Ah的以$20I_{10}$冲击电流值，分别作10次500ms的冲击放电，每两次放电间隔时间为2s，直流母线的电压不得低于90%额定值。

2.5.2.7　事故过程中冲击放电能力

当VRLA电池达到满容量时，$2I_{10}$电流放电1h后，在不停止放电状态下，冲击电流叠加到$2I_{10}$放电电流上进行冲击放电（50～200Ah的VRLA电池的冲击电流为$22I_{10}$），共放电10次，每次时间为500ms，间隔时间为2s，放电后直流母线的电压不得低于90%额定值。

2.5.3　变电站用铅酸蓄电池技术指标

2.5.3.1　蓄电池结构

蓄电池结构应保证在使用寿命期间，不得渗漏电解液；蓄电池槽、盖、安全阀等材料应有阻燃性；蓄电池极性应与极性标志一致；正极板厚度不得低于4.0mm。

2.5.3.2　外观

蓄电池的外观不应有裂纹、变形及污迹。

2.5.3.3　开路电压

蓄电池组中各蓄电池的开路电压最大和最小电压差值不得超过相应规定值：标称电压2V的电池差值不得超过20mV；标称电压6V的电池差值不得超过50mV；标称电压12V的电池差值不得超过100mV。

2.5.3.4　蓄电池连接条压降

蓄电池组按$3I_{10}$放电时，蓄电池间的连接条压降应不大于8mV。

2.5.3.5　气密性

蓄电池除安全阀外，应能承受50kPa的正压或负压而不破裂、不开胶，压力释放后壳体无残余变形。

2.5.3.6　额定容量

我国电力系统规定用10h放电率对蓄电池所放出的电量为蓄电池的额定容量。

2.5.3.7 放电率电流和容量

按照 GB/T 19638.1—2014《固定型阀控式铅酸蓄电池 第 1 部分：技术条件》，在 25℃环境条件下，蓄电池容量和放电电流如下：

（1）C_{10}——10h 率额定容量（Ah），数值为 $1.00C_{10}$，单位为安时（Ah）。

（2）C_3——3h 率额定容量（Ah），数值为 $0.75C_{10}$，单位为安时（Ah）。

（3）C_1——1h 率额定容量（Ah），数值为 $0.55C_{10}$，单位为安时（Ah）。

（4）I_{10}——10h 率放电电流（A），数值为 $0.1C_{10}$，单位为安时（Ah）。

（5）I_3——3h 率放电电流（A），数值为 $0.25C_{10}$，单位为安时（Ah）。

（6）I_1——1h 率放电电流（A），数值为 $0.55C_{10}$（管式胶体电池数值为 $0.48C_{10}$），单位为安培（A）。

根据标准规定，10h 率容量在第 1 次循环时应不低于 $0.95C_{10}$，在第 3 次循环内应达到 C_{10}，3h 率容量应达到 C_3，1h 率容量应达到 C_1。

2.5.3.8 充电电压、充电电流

蓄电池在 25℃环境条件下，按运行方式不同分为浮充电和均衡充电两种。

（1）浮充电：单体电池的浮充电电压为 2.23~2.28V，浮充电电流一般为 1~3mA/Ah。

（2）均衡充电：单体电池的均衡充电电压为 2.30~2.40V，均衡充电电流为 1.0~1.25I_{10}。

各单体电池开路电压最高值和最低值的差值不大于 20mV。

2.5.3.9 终止电压

VRLA 电池在放电末期的最低电压如下：

（1）10h 率放电蓄电池单体终止电压为 1.8V。

（2）3h 率放电蓄电池单体终止电压为 1.8V。

（3）1h 率放电蓄电池单体终止电压为 1.75V。

2.5.3.10 最大放电电流

最大放电电流是指电池在外观无明显变形、导电部件不熔断的条件下电池能承受的最大电流。根据相关规定，以 $30I_{10}$ 电流放电 3min，极柱不熔断，外观不变形。

2.5.3.11 耐过充电压

耐过充电压是指完全充电的蓄电池所能承受的充电能力。蓄电池在运行过程中不能超过耐过充电压。

2.5.3.12 容量保持率

容量保持率是指在 5~35℃条件下，将蓄电池完全充电后，并保持蓄电池表面清洁干燥，静置 90 天，计算出的蓄电池荷电保持率的百分数。根据相关标准，该数值不应低于 80%。

2.5.3.13 安全阀的动作

蓄电池在使用期间安全阀应自动开启、闭合，其中开阀压设定值为 10~49kPa，闭阀压设定值为 1~10kPa。

2.5.3.14 防爆性能

在规定的试验条件下，遇到电池外部有明火时，在电池内部不引燃、不引爆。

2.5.3.15 防酸雾性能

防酸雾性能是指在规定的试验条件下，蓄电池在充电过程中，内部的酸雾被抑制向外部泄放的性能。1Ah 充电电量析出的酸雾应不大于 0.025mg。

2.5.3.16 耐过充电性能

蓄电池所有活性物质返回到充电状态称为完全充电。电池已达到完全充电后的持续充电称为过充电。按规定要求试验后，电池应有承受过充电能力。蓄电池用 $0.3I_{10}$ 电流连续充电 160h 后，其外观应无明显变形及渗液。

2.5.3.17 过充电寿命

标称电压 2V 的蓄电池过充电寿命不应低于 210 天。标称电压 6V 及以上的蓄电池过充电寿命不应低于 180 天。

2.5.3.18 工作环境

蓄电池在环境温度 -10~45℃ 条件下应能正常使用，但温度对 VRLA 电池的寿命和容量影响较大，其工作环境温度宜控制在 5~30℃。

铅酸蓄电池
寿命评估及延寿技术

3

铅酸蓄电池的浮充寿命

3.1 循环寿命与浮充寿命

铅酸蓄电池的使用寿命是它最重要的性能指标之一。蓄电池的寿命一般用充、放电周期表示，蓄电池经历一次充电、放电为一个周期。在一定充放电制度或工作方式下，蓄电池容量降到规定值之前，蓄电池所经受的循环次数，称为使用周期，也就是蓄电池的寿命。在实验室中可以轻松地实现上千次的循环试验，因此对于蓄电池的循环寿命的研究比较多，对其机理的了解也比较深刻。然而，蓄电池在变电站是作为备用电源，长期工作在浮充状态下，从投运到退役的全寿命周期中其充放电次数也寥寥可数，因此不适合以循环次数来衡量其寿命，而应该考核其在浮充状态下的寿命。

由于蓄电池浮充运行的寿命较长，实际运行条件下的跟踪测试耗时费力，因此一般使用加速老化浮充试验来进行研究，而缺乏基于实际运行数据的研究。事实上，变电站运维人员中有大量的第一手蓄电池运维数据，但是目前国内尚未发现有对这些数据进行深入研究分析的报道。

3.2 铅酸蓄电池浮充寿命的影响因素

影响铅酸蓄电池组浮充寿命的因素有很多，主要包括浮充电压、环境温度、正极板栅的腐蚀、失水、热失控、超细玻璃纤维棉（AGM）隔板弹性疲劳、蓄电池一致性等。

3.2.1 浮充电压

当 VRLA 电池在作为备用电源时采用浮充电工作模式。浮充电压的选择与板栅材料有关，VRLA 蓄电池的板栅合金材料采用多元 Pb-Ca 合金，板栅合金中含锑甚微或者无锑，单体浮充电压值维持在 2.23～2.28V 时，蓄电池寿命最长。由于 VRLA 蓄电池负极的去极化作用，浮充电压反映的主要是正极极化，即 VRLA 蓄电池的正极比富液式蓄电池的正极使用条件恶劣，在相同的浮充电压条件下，正极的腐蚀程度加大，这意味着蓄电池中水的转移加快。因此，浮充电压的大小对 VRLA 蓄电池的寿命有很大影响，过低和过高的浮充电压对浮充寿命都是不利的，过高的电压会加速板栅腐蚀，过低的电压会造成不可逆硫酸铅化的累积。

图 3-1 所示为不同浮充电压下 VRLA 蓄电池浮充寿命与温度变化之间的关系。可以看出，在 26℃ 条件下，当浮充电压从 2.3V 增加到 2.4V，只增加了 0.1V，而 VRLA 蓄电池的寿命将从 10 年减少到 5 年。

实际使用情况表明，在我国南方的室温条件下，当浮充电压达到平均每个单体为2.29V 时，运行 5 年后蓄电池正极板栅就会发生严重腐蚀并伸长变形。

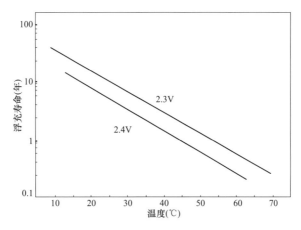

图 3-1　不同浮充电压下 VRLA 蓄电池浮充寿命与运行温度变化之间的关系

3.2.2　环境温度

环境温度不仅影响铅酸蓄电池的容量，对其寿命也有很大的影响。如图 3-2 所示，在浮充电压为 2.3V 的前提条件下，当环境温度在 25℃ 时，蓄电池寿命约为 10 年，而当环境温度升至 46℃ 时其寿命缩短至 4 年左右。因此在条件允许的情况下，电池室的环境温度应维持在 25℃ 左右。根据运行情况来看，运行在安装了空调且空调性能良好的蓄电池室内的电池，运行寿命较运行在没有安装空调或者空调经常损坏的蓄电池室内的蓄电池寿命长。充电机整流器应具备自动温度补偿功能，采用温度补偿虽然并非十全十美，但可以带来一定改善。例如在 40℃ 时，未采用温度补偿的 VRLA 蓄电池的寿命只是其在 20℃ 时寿命的 25%，在采用温度补偿后，能够把 VRLA 蓄电池的寿命提高到 20℃ 时寿命的 40%。

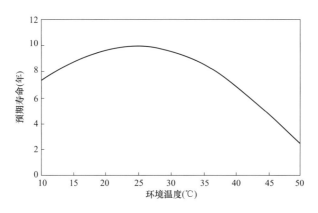

图 3-2　VRLA 蓄电池寿命与环境温度的关系

3.2.3　正极板栅的腐蚀

正极板栅的腐蚀率是设计 VRLA 蓄电池寿命的基础，它主要取决于浮充电压值和环境温度，同时也与硫酸密度、板栅材料、厚度、形状等因素有关。通过以一种最常见的铅钙锡合金板栅（质量成分：铅为 98.45%，钙为 0.05%，锡为 1.5%）为研究目标，经试验表明在环境温度为 25℃时，在 0.84mA/cm² 的电流下每年腐蚀率为 0.27mm，而常见固定型电池板栅内部筋条直径通常在 4mm 左右，在完成腐蚀之前，该板栅具有的活力接近 15 年，设计寿命为 10 年。实际上，各种因素的综合作用使得计算变得十分复杂，设计寿命很难保证。正、负极板上活性物质按电化学当量比，负极多于正极，它们的比例为 1.2∶1。

3.2.4　负极极板硫酸盐化

负极极板硫酸盐化是造成阀控式密封铅酸蓄电池失效的重要原因之一，因为不可逆的负极硫酸盐化，必然造成蓄电池容量的不断损失。负极硫酸盐化主要是负极自放电和过充电时氢气析出过多，导致负极附近氢离子浓度下降造成的。

3.2.5　失水控制

VRLA 电池采用贫液式设计，失水对电池的容量影响很大。因此，一个好的 VRLA 电池设计，应该使蓄电池的失水尽可能小。影响 VRLA 蓄电池失水的因素主要有：

（1）安全阀的影响。过低的开启压力使安全阀频繁开启，显然会使更多的气体排出电池而增加失水。同时，还会影响电池内氧复合效率。

（2）电池外壳的水蒸发。采用聚丙烯（PP）材料作电池壳（盖）比采用阻燃塑料（ABS）或塑化聚氯乙烯（PVC）更能防止电池失水。

（3）正极板栅腐蚀反应的消耗。

3.2.6　热失控

热失控是指在恒压充电期间发生的一种临界状态，此时，铅酸蓄电池的电流及温度发生一种累积的互相增强的作用并逐渐增强导致蓄电池损坏。阀控式密封铅酸蓄电池较富液式蓄电池能量体积比高，相对散热面积小，其密封结构也不利于散热，这些因素都容易导致蓄电池温度升高。

铅酸蓄电池在充电末期，正极上开始析出氧气，在蓄电池内压的作用下，析出的氧气扩散到负极，并再次与负极表面的活性铅发生反应而产生热量，同时氧的再化合会产生较大的浮充电流，使产生的热量进一步增加。尽管随着蓄电池制造工艺不断改进，热失控在正常浮充条件下已很少发生。但是，若充电设备失控，充电电压过高、电流过大，热失控仍有可能发生。一旦发生热失控，不但电池本身会因严重变形、胀裂而损坏，而且将引起整个串联电路和关联设备的失效，严重时还会引起火灾和爆炸。

3.2.7　AGM 隔板弹性疲劳

由于 VRLA 蓄电池为紧装配，电池中的 AGM 隔板使用一定时期之后，会产生弹性疲劳，使电池极群失去压缩或压缩减少，表现在 AGM 隔板与极板间产生微观裂纹，造成接触不良，并最终导致蓄电池内阻增大，电池性能下降。

3.2.8　均充电压

为使铅酸蓄电池组中所有单体电池的电压都达到均匀一致的充电，这一过程称为均衡充电（简称均充），对铅酸蓄电池进行均衡充电的电压称为均充电压。在铅酸蓄电池正常浮充电运行中，由于某些原因（制造、安装、环境因素的影响等），有的蓄电池端电压过高，存在过充电；有的蓄电池端电压过低，存在欠充电；但是从蓄电池母线来看总电压仍然符合要求。

为了降低上述现象对铅酸蓄电池寿命的影响，在蓄电池运行一段时间后要求进行均衡充电。一般是在下列情况下蓄电池需要均衡充电：

（1）市电停电后电池释放的容量超过总容量的 15%。

（2）蓄电池长期处于浮充状态（电网稳定，长期不停电）。

（3）蓄电池组中，出现了落后电池，在浮充状态下单体电压低于 2.2V，更换新电池后。

由于在均衡充电时气体的产生量会比浮充电状态下多几十倍，所以充电时间不能太长，均充电压也不能太高，以避免盈余气体影响氧的再化合效率，失水量增加，而且使板栅腐蚀速度增加，从而损坏电池。均衡充电电压的选择一般比浮充电压略高。例如，220V 变电站用蓄电池组由 108 节蓄电池串联而成，单节标称电压为 2V，单节蓄电池的浮充充电电压值一般为 2.23V，均衡充电电压一般为 2.35V，蓄电池组的浮充电压一般设置为 240.8V（2.23V×108），均充电压一般设置为 253.8V（2.35V×108）。

现在通常以恒压限流方式进行均衡充电。均充电压也应温度补偿——按单体电池温度补偿系数（−3~3.6）mV/℃来进行修正。一般均充 6~18h，均充时间不宜太长以免蓄电池过充电；如均充后仍有落后电池，可相隔 2 周后再均充 1 次。

3.2.9　蓄电池的不一致性

3.2.9.1　铅酸蓄电池不一致性的产生主要原因

（1）在制造过程中，由于工艺问题和材质的不均匀，使电池极板厚度、微孔率、活性物质的活化程度等存在微小差别，这种电池内部结构和材质上的不完全一致性，就会使同一批次出厂的同一型号电池的容量、内阻等参数值不可能完全一致。

（2）在铅酸蓄电池成组使用时，由于电池组中各个电池的温度、通风条件、自放电程度、电解液密度等差别的影响，在一定程度上增加了电池电压、内阻及容量等参数的不一致性。

由以上铅酸蓄电池不一致性形成的原因，可知蓄电池之间的一致性是相对的，不一致性是绝对的。由于不一致性在电池组各电池间绝对存在，在电池组使用过程中部分单体电池由于相对容量小、内阻大，在浮充的时候，有些蓄电池的浮充电压偏高，而有些蓄电池的浮充电压偏低，偏离最佳的浮充电压；在充放电时，充放电深度不一，容易出现过充和过放现象，从而导致蓄电池提前失效。

3.2.9.2 提高铅酸蓄电池的一致性主要措施

（1）提高电池制造工艺水平，保证电池出厂质量，尤其是初始电压和内阻的一致性。同一批次电池出厂前，以电压、内阻及电池化成数据为标准进行参数相关性分析，筛选相关性良好的电池，以此来保证同批电池的性能尽可能一致。

（2）在铅酸蓄电池成组时，务必保证电池组采用同一类型、同一规格、同一型号的电池组成。

（3）在电池组使用过程中检测单电池参数，尤其是动、静态情况下电压分布情况，掌握电池组中单电池不一致性发展规律，对极端参数电池进行及时调整或更换，以保证电池组参数不一致性不随使用时间而增大。

（4）对测量中容量偏低的电池，进行单独维护性充电，使其性能恢复。

（5）间隔一定时间对电池组进行小电流维护性充电，促进电池组自身的均衡和性能恢复。

（6）研制开发实用性电池组能量管理和均衡系统，对电池组充放电进行智能管理。

总体而言，影响铅酸蓄电池使用寿命的因素有二：其一在于蓄电池本体，主要是蓄电池材料的选择和制造工艺水平。目前国内铅酸蓄电池生产厂家众多，制造工艺参差不齐，在低价竞标的环境下更有部分厂家偷工减料，以次充好，这必然会缩短蓄电池的使用寿命。其二则在于铅酸蓄电池的使用工况，例如浮充电压、环境温度、放电深度、均充电压、均充维护频率等，这些工况对蓄电池寿命的影响也很大。由于之前VRLA电池被称为"免维护"电池，对用户造成了一定的影响，加上变电站蓄电池运维工作量大，运维人员不足，存在运维不到位的情况，这些都在一定程度上缩短了蓄电池的使用寿命。

3.3 变电站用铅酸蓄电池寿命曲线

变电站用铅酸蓄电池的历史运维数据是实际应用的第一手数据，具有很高的研究价值。通过收集南方电网某些变电站过去若干年的铅酸蓄电池历史运维数据并进行统计分析，挖掘铅酸蓄电池在该区域该应用领域内的寿命变化特征。这些数据包括变电站电压等级、蓄电池生产厂家、标称容量、生产日期、投运日期，历次核容信息、运行环境信息、充电机信息等。通过这些数据挖掘，研究蓄电池浮充寿命与运行年限、运行温度、浮充电压、蓄电池品牌、充电机等之间的关系，总结站用铅酸蓄电池的浮充使用寿命变化规律。

此外，通过实验室高温加速浮充老化试验，研究铅酸蓄电池浮充寿命与浮充电压、浮充电流、内阻、蓄电池质量等参数之间的关系。这对于指导变电站用铅酸蓄电池的选型与运维工作无疑具有重要的意义。

3.3.1 站用铅酸蓄电池历史运维数据总体情况分析

3.3.1.1 浮充寿命与运行年限的关系

表 3-1 为 5 组不同蓄电池在历年核对性放电的容量，以表 3-1 的数据可以看出：随着铅酸蓄电池使用年限时间的加长，由于蓄电池老化等原因，蓄电池的容量越来越低。

表 3-1   5 组不同变电站蓄电池的核对性容量

投运时间	第一次核容		第二次核容		第三次核容		第四次核容		第五次核容	
	容量（%）	时间	容量（%）	时间	容量（%）	时间	容量（%）	时间	容量（%）	时间
2005 年 9 月	100	2005 年 10 月	90	2008 年 11 月	80	2010 年 4 月	78	2011 年 9 月	72	2012 年 8 月
2005 年 9 月	100	2005 年 10 月	90	2008 年 11 月	80	2010 年 4 月	67	2011 年 9 月	66	2012 年 8 月
2005 年 12 月	100	2005 年 11 月	100	2008 年 3 月	95	2010 年 3 月	90	2011 年 5 月	90	2012 年 2 月
2005 年 12 月	100	2005 年 11 月	100	2008 年 3 月	95	2010 年 3 月	90	2011 年 5 月	90	2012 年 2 月
2004 年 11 月	100	2004 年 11 月	100	2007 年 10 月	98	2010 年 10 月	95	2011 年 10 月	92	2012 年 10 月

表 3-2 为 5 组相同容量相同品牌的蓄电池的核对性放电数据，从表中数据可知：即使相同品牌的铅酸蓄电池，运行年限相同，其容量保持率也会不一致，因此，铅酸蓄电池的运行寿命不仅仅与运行年限有关，与变电站的运行环境（或条件）也有关系。

表 3-2   相同品牌相同型号 5 组蓄电池的核对性容量

110kV 变电站	投运时间	核容时间	容量保持率（%）
A 站 1 组	2010 年 12 月 24 日	2013 年 4 月 25 日	76
B 站 1 组	2010 年 10 月 22 日	2013 年 6 月 19 日	90
B 站 2 组	2010 年 10 月 22 日	2013 年 6 月 21 日	91
C 站 1 组	2010 年 8 月 24 日	2013 年 7 月 11 日	85
C 站 2 组	2010 年 8 月 24 日	2013 年 7 月 16 日	85

3.3.1.2 寿命与运行温度的关系

根据在安装了空调的蓄电池室内铅酸电池的运行情况来看，运行在安装了空调且空调性能良好的蓄电池室内的蓄电池，其运行寿命较运行在没有安装空调或者空调经常损坏的蓄电池室内的蓄电池寿命长。但由于成本的原因，现有变电站的运行和台账数据没有具体蓄电池运行温度的记录。

铅酸蓄电池运行温度监测和记录放在变电站的成本较大，只能在实验室范围内进行。

图 3-3 所示为铅酸蓄电池的容量与运行温度的关系。如图 3-3 所示，在低温下蓄电池对应的容量较低，温度越高，容量越大，在 20～25℃ 时，蓄电池容量达到标称容量的 100%。

图 3-4 所示为铅酸蓄电池在 60℃ 高温下的加速浮充老化寿命曲线，结果显示加速循环次数可达到 20 次，循环 1 次相当于常温下 1 年使用寿命，即预计可达 20 年的使用寿命。

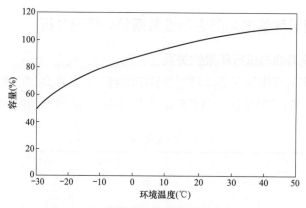

图 3-3 铅酸蓄电池的容量与温度的关系

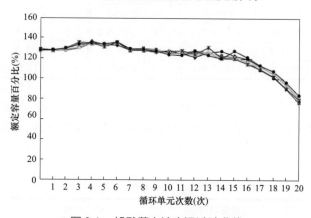

图 3-4 铅酸蓄电池高温试验曲线

理论及试验研究表明，温度升高会损坏铅酸蓄电池，缩短蓄电池的使用寿命，当环境温度超过 25℃ 时，温度每升高 10℃，电池使用寿命将减少一半。例如电池设计寿命在 25℃ 为 15 年，在 35℃ 下长期运行，寿命只有 7.5 年。铅酸蓄电池在不同运行温度下的设计寿命可根据阿伦尼乌斯公式来计算，即

$$L_{25} = L_T \times 2^{(T-25)/10} \tag{3-1}$$

式中　T——电池在实际运行时的环境温度；

　　　L_T——在环境温度为 T 时，电池的设计寿命；

　　　L_{25}——在环境温度为 25℃ 时，电池的设计寿命。

另外，环境温度的升高也将加速电池板栅的腐蚀和电池水分的损失，从而大大缩短电池的寿命。因此，应该严格控制站用铅酸蓄电池使用的环境温度，否则当热量积累到一定程度后会损坏电池，严重时会引起热失控。

3.3.1.3 寿命与浮充电压的关系

在铅酸蓄电池的全寿命周期中，绝大部分时间运行在浮充状态，蓄电池的运行寿命与浮充电压有关。一般来讲，铅酸蓄电池每隔 3~6 个月需进行一次均充，本书根据实际数据和相关研究建议铅酸电池单体的浮充电压为 2.23~2.28V，均充电压为 2.30~2.35V（非强制，依各生产厂家的说明书为准），根据经验公式（2-9）可得

$$U_{flo} = V_k + U_p = (d + 0.85) + U_p$$

式中　U_{flo}——浮充电压；

　　　V_k——开路电压；

　　　d——数值是电解液密度，V；

　　　U_p——极化电压，一般取值为 0.10 ~ 0.18V。

例如，美国圣帝公司的蓄电池电解液比重为 1.240g/cm^3，所以它的浮充电压为 2.19V。日本 YUASA 公司的 VRLA 电池浮充电压为 2.23V。给阀控式铅酸蓄电池提供浮充电压的目的是为了对蓄电池组提供浮充电流，浮充电流能够补充蓄电池自放电的损失，向日常性负载提供电流并且维持电池的内氧循环。

端电压的动态偏差在浮充运行初期较大。实际上，刚出厂的铅酸蓄电池可能是因为部分电池处于电解液饱和状态而影响了氧复合反应的进行，从而使浮充电压过高，电解液饱和的电池会因不断的充电使水分解而"自动调整"至非饱和状态，6 个月后端电压偏差逐渐减小。但偏差较大也不排除与有的制造商制造质量有关。

表 3-3 中为在其他条件相同的情况下（铅酸蓄电池的生产厂家和充电机厂家相同），蓄电池核对性容量的统计表。由表 3-3 中的数据可知，对于该种铅酸蓄电池，蓄电池浮充电压设定在 2.27 ~ 2.29V、运行 3 年后的核对性容量，比浮充电压设定为 2.25V 运行两年多的核对性容量大。

表 3-3　　　　　　　　　　　某型号 300Ah 铅酸电池容量对比表

投运时间	单体浮充电压（V）	单体均充电压（V）	上次核容时间	运行时间（年）	容量（%）
2009 年 9 月 28 日	2.27	2.39	2013 年 6 月 17 日	3.72	91
2009 年 9 月 28 日	2.27	2.39	2013 年 6 月 13 日	3.71	90
2009 年 11 月 27 日	2.29	2.35	2013 年 5 月 30 日	3.51	92
2009 年 11 月 27 日	2.29	2.35	2013 年 5 月 29 日	3.50	90
2010 年 8 月 24 日	2.25	2.35	2013 年 7 月 16 日	2.90	85
2010 年 8 月 24 日	2.25	2.35	2013 年 7 月 11 日	2.88	85
2010 年 12 月 24 日	2.25	2.35	2013 年 4 月 25 日	2.34	76

因此，站用铅酸电池浮充电压的设定一定要符合生产厂家的说明书，与此同时，生产厂家应主动提供其所生产蓄电池的最佳浮充电压和均充电压。

3.3.2　站用铅酸蓄电池内阻和浮充电压数据分析

通过收集 9 个 500kV 变电站蓄电池组的历史数据，数据包括每个站的两组蓄电池的生产厂家、型号、投产日期以及在不同测量时间点的浮充电压、内阻值信息。采用数据库（Server Management Studio，SQL）软件对各蓄电池组的数据进行整理，并重点分析了站用铅酸电池的内阻和浮充电压数据。数据分析中发现某些严重偏离的突变值，这有可能是测量失误造成的，也可能是这些电池真的发生了损坏，还有可能是核容对测量造成了干扰。为了避免造成过大误差，故不使用单体数据来分析规律，单体的参数只用作参考，着重对电池组的内阻、电压等的变化规律进行分析，数据处理手段以求均值、标准差等方法来分析并拟合曲线。对于过于偏离正常值的点，为了拟合曲线时方便观察比较，适当地去掉部分尖峰点来探寻整体的变化规律。同时根据所给数据中的电池组投产日期，计算所有测量点的电池组使用年限，拟合出内阻随时间变化的图形，来寻找内阻和使用年限之间的变化规律，从而分析电池组的健康状况及变化趋势。

3.3.2.1　对内阻的分析

图3-5给出了某变电站中部分具有代表性单体电池内阻随使用年限变化曲线。尽管图中存在内阻值较大的两个单体，但由于这两个单体与其他单体有着十分相似的变化趋势，表明这两个单体蓄电池健康状况与其他单体相近，可能仅仅是因为其制造工艺的差异出厂时内阻值就偏大。因此，仅靠单体内阻值的绝对大小不宜作为判断电池健康状况的依据，这里选择铅酸蓄电池的内阻变化趋势（增长率）作为判断电池健康状况的一种依据。同时采用均值分析的方法保证电池单体内阻均值的增长率与总体一致，并能够减弱尖峰点的影响。

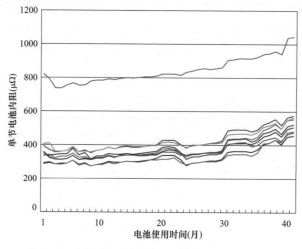

图3-5　代表性单体电池内阻随使用年限变化图

为了分析站用铅酸蓄电池内阻均值的变化趋势，同时便于站与站之间进行比较，以测量时蓄电池运行时间为横坐标，以内阻均值为纵坐标，将7个变电站的内阻曲线绘制在同一张图中，如图3-6所示。其中横轴为使用时间，单位为月；纵轴为内阻均值，单位为 μΩ。不同的站点以不同的颜色进行区分，同一颜色的实线和虚线分别表示同一站点的两组电池。

图中部分站点前面时间段无数据，以空白表示。其中，红色的福民站和黄色的九围站采用同一厂家生产的同一型号电池；蓝色的欢乐站和绿色的西丽站也采用同一厂家生产的电池，但是蓝色欢乐站电池组容量为500Ah，绿色的西丽站为300Ah；其余几个变电站采用的蓄电池型号均不同。从图3-6中可以发现，同种型号的电池内阻随使用时间的变化曲线很相似；而不同厂家的电池，甚至型号相同的电池的内阻在数值上和变化趋势上均有较大差异。

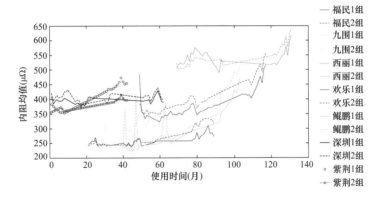

图 3-6　不同变电站用铅酸电池内阻均值（去尖峰值）随使用年限变化图

在分析内阻均值-使用时间曲线时，重点考虑以下两个方面：一个是内阻均值在不同时期的总的上下限，图中站点的内阻均值均在 200～650μΩ 之间；另一个是内阻均值的变化率，即曲线的斜率。从图 3-6 中可以看出，同种电池的曲线趋势一致，可以按照电池型号来区别分析。

为了更精确地匹配曲线，尝试了多种拟合方法。采用三阶拟合时，发现形状相似的曲线拟合出来系数有较大差异，不利于寻找统一的规律；若采用二阶拟合，相似曲线在拟合后系数也有一定差异，对数据异常的敏感性较高，但不利于在线使用。因此，采用一阶拟合的方式来分析曲线，由于内阻均值都是在前期有一个较小的上升斜率，到后期有一个比较大的上升斜率，所以这里又采用分段分析。经过曲线拟合，当采用分段一阶拟合的方式后，得到的斜率比较集中，不同段的斜率差异很大，有利于分段。各站蓄电池组分段斜率的统计结果如表 3-4 所示。其中部分站由于使用年份短，内阻还没有进入快速上升期，所以不存在分段。

表 3-4　　　　　　　　　　　各站点分段拟合斜率表

站（曲线类型）	分段一斜率值		分段二斜率值	
	第一组电池	第二组电池	第一组电池	第二组电池
红色（110 月分段）	1.421	2.021	13.65	11.1
黄色	1.806	1.375		
绿色（122 月分段）	−0.4471	0.4749	11.18	9.72
蓝色	0.484	1.283		
青色（92 月分段）	1.799	1.741	10.74	8.547
黑色	0.1199	0.1536		
O	2.696	1.066		

其中"o"表示的曲线开始就出现了较快的增长，分析可能由于测量数据较少，测量偶然误差引起的该现象。同时还可以从图 3-6 中发现，对于存在分段斜率的站，分段的时间点（斜率发生明显突变的节点）有较大差异，例如红色为 9 年左右，绿色为 10 年多，而青色的站仅为不到 8 年。但是分段前后的斜率均有明显突变，这是其共同点。

　　理论表明铅酸蓄电池的健康状态不仅与其内阻的增长率有关，也与蓄电池单体内阻的差异性有关。单体内阻的差异性与蓄电池的一致性有关，可用单体内阻的标准差来分析这种差异性。为了减小不同基数对标准差数值的影响，采用标准差系数（标准差与均值的比值）来对这种差异性进行分析。图3-7给出了不同变电站单体内阻的标准差系数变化图。

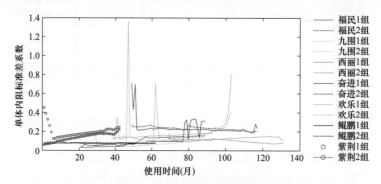

图 3-7　不同变电站单体内阻的标准差系数变化图

　　从图3-7中可以看到，除了个别点，标准差系数大部分的点均在0.4以内。分析认为超出0.4的点可能是由于单体在某个测量点的值发生了突变或测量失误等原因引起。在对标准差系数的数值进行客观分析之后，对标准差系数这一因素也进行了一阶曲线拟合。求得各站标准差系数变化曲线的斜率值，如表3-5所示。

表 3-5　　　　　　　　　　　各站标准差系数曲线拟合斜率

站（曲线类型）	第一组均值斜率	第二组均值斜率
红色	−0.0001754	−0.005777
黄色	0.002541	0.0009985
绿色	−0.0008111	0.0006856
蓝色	0.003136	0.002314
青色	0.002861	0.002007
黑色	0.0000156	−0.0001156
O 形	0.002967	0.003266

　　从表3-5中可以看出，各站的标准差系数曲线变化斜率有正有负，表明不同电池内阻标准差系数没有固定的变化规律，不一定随着电池使用时间的增大而增大，而是呈现变化缓慢近似不变的现象（标准差斜率总体在［−0.006，0.004］范围内），因此猜测图3-7中的异常点可能反映了电池健康出现了问题。由于影响电池健康状态的因素众多，内阻标准差系数只能作为判断其健康状况的一个因素。

3.3.2.2　对浮充电压的分析

　　由于浮充时总电压固定，即整组电压均值也固定，所以单体的浮充电压值及浮充电压标准差是主要的研究对象。图3-8所示为某站点的单体浮充电压-使用时间曲线，横坐标为测量时蓄电池组的运行时间，纵坐标为单体浮充电压。

　　从图3-8中可以看出，单体的浮充电压值随电池使用时间并无明显规律，上升、下降以及突变的单体都存在，且不同单体间差异较大，但电压值都在一定的范围之内。同时结

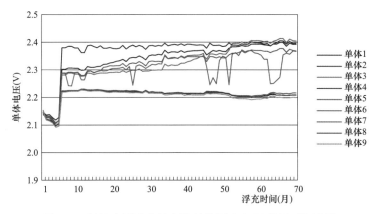

图 3-8　某站点铅酸电池组的单体浮充电压-使用时间曲线

合图 3-5（两图对应的电池单体编号一致）可以看出，内阻值与浮充电压无必然关系。因此，单体电池的浮充电压本身也不能作为判断电池健康状态的依据，需要分析单体的浮充电压标准差。

图 3-9～图 3-12 给出了 4 个不同站点的单体电池浮充电压值标准差-使用时间曲线，为几种典型形式。横坐标为使用时间，纵坐标为单体浮充电压标准差。

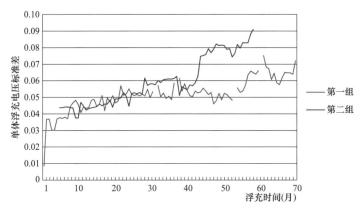

图 3-9　站点一的浮充电压标准差-使用时间曲线

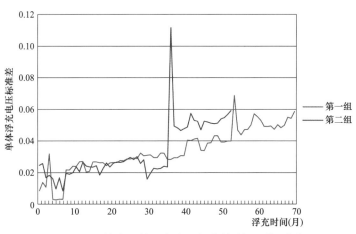

图 3-10　站点二的浮充电压标准差-使用时间曲线

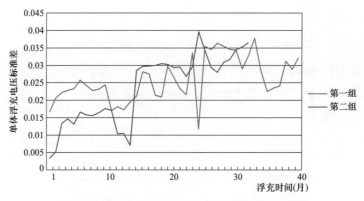

图 3-11　站点三的浮充电压标准差-使用时间曲线

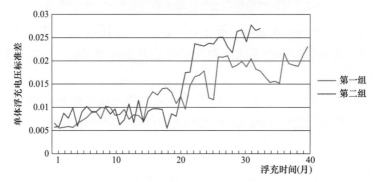

图 3-12　站点四的浮充电压标准差-使用时间曲线

从上述几种不同的电池浮充电压标准差曲线可以看出，浮充电压标准差变化比较剧烈，其中有随使用年限而下降的情况，但总体呈现在"曲折中上升"的趋势。然而由于变化过于剧烈，难以找到确定的变化斜率来判断电池的健康状态。所以单体浮充电压标准差只宜作为一个参考，很难作为评估寿命曲线的特征参量。

综上所述，根据某地区几个变电站铅酸蓄电池组的历史数据，通过对电池单体的内阻均值、内阻均值标准差系数、内阻均值标准差系数变化斜率以及浮充电压值、浮充电压标准差等数据进行处理分析，可以得到以下结论：

（1）铅酸蓄电池内阻均值会随使用时间按一定斜率上升，并明显地分为两段，可作为主要的估计依据；正常运行情况下的电池内阻标准差系数比较固定，可以作为故障预警的参考依据。

（2）铅酸蓄电池浮充电压本身无规律，但浮充电压均方差总体有上升趋势，但难以辨认斜率，故难以与电池健康状况相联系。

上述结果对于探寻用于非核容时期的电池状态报警和估计电池健康状况的依据具有重要的参考意义。

3.3.3　站用铅酸蓄电池核容数据分析

该部分重点分析某地区变电站铅酸蓄电池的核容数据，具体包括核容时每小时的单体电压、核容后的电压和内阻、电池核容日期和投产日期。数据中有效数据共 66 个站，其中 7 个站某一年的核容时间早于投产日期，经核实为期间进行过蓄电池整组更换。有 23 个站没有台账，电池投产时间未知。所有站的核容日期跨度从 2009 年到 2014 年，核容 3 次的电池组有 6 组，核容两次的电池组有 42 组，核容一次的电池组有 44 组。对这些数据进行分析，包括核容超过 10h 的站的分析、整组电压 8h 斜率分析、同一组电池不同年份比较、同一类电池不同站均值随年份比较、不同点的个数分别求斜率、单节斜率比较。

3.3.3.1 整组电压核容数据分析

对某些年份核容时间达到或超过 10h 的变电站核容数据进行分析，有利于比较完整地看到随核容时间电池组电压下降的趋势，首先分析整组电压核容下的变化，如图 3-13 所示，纵坐标为整组电压，横轴为核容时间，颜色不同曲线代表不同的站。

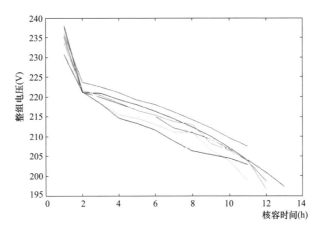

图 3-13　核容超 10h 电池组电压变化曲线

由图 3-13 中可以看出，电池组电压在放电初期有一个快速的下降，是由于欧姆内阻的影响，放电超 8h 后，电池电压普遍有一个较快的下降。因此，核容时电压可以划分为 3 段：第一段是核容开始 2h 内，电压有一个快速的下降过程；第二段是核容 2～8h 的时间段，在此段电压缓慢下降；第三段是核容 8h 后，电压下降较快。其中第二段的斜率是表征铅酸电池健康状况的重要依据。

对核容时整组电压进行研究，分别计算各个站核容 8h 期间的电压下降率，按核容时已使用年份，对不同的站的电压下降率求均值，统计结果如表 3-6 所示。表中空缺部分表示该年份没有站进行核容，核容时使用年份为 0 表示投产时的核容，蓄电池组分为 108 节和 54 节两类。

表 3-6　　　　　　　　　整组电池电压下降率按核容时使用年份统计

核容时使用年份（年）	8h 核容期间电压斜率（各站均值）	
	108 节单体的电池组	54 节电池的电池组
0	−1.78888	
1		−0.8491
2	−1.725	−0.8164
3	−1.643	

核容时使用年份（年）	8h核容期间电压斜率（各站均值）	
	108节单体的电池组	54节电池的电池组
4	−1.48346	
5	−1.77764	−0.81732
6	−1.5884	−0.6679
7	−1.69688	
8		
9	−1.54	

从表3-6可以看出，整组电压核容时下降率并未随着使用时间增长而变大，而是出现忽大忽小的现象。为了进一步验证这种现象是否与不同蓄电池型号有关，又对各站中电池生产厂家、型号完全一样的电池组进行了与上述方法类似的统计，如表3-7所示。

表3-7　　　　　某型号电池组电池电压下降率按核容时使用年份统计

核容时使用年份（年）	8h核容期间电压斜率（各站均值）
0	−1.7470
1	
2	−1.7632
3	−1.6578
4	
5	−1.6533
6	−1.7420
7	−1.6738
8	
9	−1.5400

统计结果表明总压下降率无规律并非由不同电池型号造成，为分析其规律，又进一步对同一组电池进行了类似的统计，如表3-8所示。

表3-8　　　　　　　对同组电池组不同核容年份的统计

核容时使用年份（年）	8h核容期间电压斜率（各站均值）		
	峡口1组	峡口2组	周溪1组
2	−1.740	−1.836	−1.662
5	−1.487	−1.511	−1.857
7	−1.376	−1.483	−1.655

从表3-8中可以看出，对同一组电池进行斜率统计，其斜率随使用时间的增长同时出现下降和上升的趋势，规律性不够明显。这表明电池组电压下降的斜率的确与使用时间无关，且现有单独一组蓄电池的核容次数较少，对一组单独的电池组来说，电池组总压下降率不能作为判断电池健康状态的有效依据，采用这种方法估计电池健康状态不可取。

3.3.3.2 单体电压核容数据分析

通过观察核容时铅酸蓄电池单体电压的变化，发现在放电初期（0～2h）和放电末期（8h以上）电压变化剧烈，不利于分析电压的变化，故分析单体时重点放在核容2～7h。根据健康状态（State of Health，SOH）衰减理论，这段时间内的电压下降率应该逐年增加，把大量的单体2～7h斜率放在一起进行分析，具体如图3-14～图3-17所示。

图3-14和图3-15是一组电池在某一年核容时的单体电压下降率，横坐标为单体编号，纵坐标为核容时2～7h单体电压下降率。

把同一组电池几年的核容数据进行分析比较，如图3-16和图3-17所示。

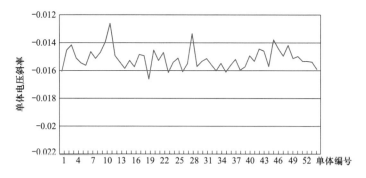

图3-14　单体电压斜率图示1

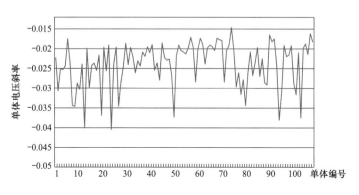

图3-15　单体电压斜率图示2

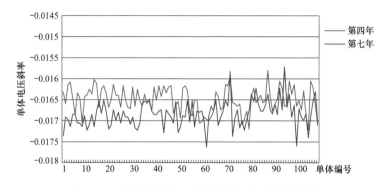

图3-16　某变电站第一组电池两年核容单体斜率

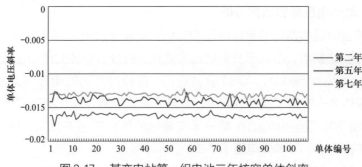

图 3-17　某变电站第一组电池三年核容单体斜率

从总体来看斜率变化，意味着从大量单体的斜率变化上寻找一定的规律。按照相关理论，核容时使用时间较长的电池电压下降较快，求得的斜率应有随年份绝对值增大的趋势。但是统计分析了 18 个变电站的数据之后，发现这些站的电压斜率从总体上看，有的随年份增大，有的毫无规律，甚至部分曲线杂糅在一起。按照曲线是否符合规律（即斜率整体随年份增大）和是否杂糅在一起，对 18 个电池组的曲线进行了统计，如表 3-9 所示。从表 3-9 中可知，即使从概率的角度分析，单体斜率变化总体也不随年份有确定的规律。

表 3-9　　　　　　　　　　　　　　总体斜率观察统计表

曲线形式	不符合理论	符合理论
明显的	8	6
杂糅的	2	2

在对大量的单体斜率进行统计和分析后发现，绝大部分单体的斜率都在一定的范围之内，进一步对上述 18 组电池的数据都进行了统计，统计结果如表 3-10 所示。表中部分区间是重叠的，这是为了尽量使同一组的绝大部分的值处在一定范围之内，以找出单体斜率在概率上所处的范围，然后按照某一站绝大部分单体所处的精确范围来统计电池组的个数。

表 3-10　　　　　　　　　　　　　　单体斜率值范围表

斜率范围	$[-0.018, -0.012]$	$[-0.018, -0.01]$	$[-0.02, -0.012]$	$[-0.02, -0.01]$	$[-0.04, -0.012]$
电池组个数	12	2	2	1	1

由表 3-10 可以看出，绝大多数的站在去掉一些异常突出的点之后单体斜率都处在 $[-0.018, -0.012]$ 这个范围之间，并且超出此区域的单体个数均在 5 个以内，这说明正常运行的电池核容时电压下降率处在一定的范围之内。为了进一步验证此规律，对报废电池的核容数据也进行了类似的统计，如表 3-11 所示。

表 3-11　　　　　　　　报废电池单体斜率超范围个数及均值统计

电池组	超出 $[-0.018, -0.012]$ 个数	均值
景湖 1 组	54	-0.022357951
景湖 2 组	>20	-0.020804233
虎门 1 组	10	-0.013267647
沙田 1 组	>20	-0.020261581
沙田 2 组	>20	-0.018452725
莲塘 2 组	>20	-0.0174171

通过比较表 3-10 和表 3-11，可以发现报废电池与健康运行的电池之间存在明显区别，即报废电池核容时电压下降率超出 [−0.018，−0.012] 这一区间的点有很多。如果去掉超出的部分再求均值，则不能反映真实的均值，因此对这些站的单体斜率求均值时，去掉部分斜率突出的点。然而同时还存在小部分的报废电池，其斜率均值不超出 [−0.018，−0.012]。

综上所述，通过对各变电站铅酸蓄电池核容数据进行曲线拟合、分析并寻找规律，探究与电池 SOH 密切相关的量，以及对不同变电站整组电压下降率均值的分析，对同一类型电池、同一组电池进行比较等尝试后，均未发现明显规律。而通过分析研究不同电站单体的核容数据，最终发现电池组中核容 2～7h 时间段内电压下降斜率超出 [−0.018，−0.012] 范围的单体个数与蓄电池的健康状态存在着一定的关系，可以作为判断、发现电池健康问题的一个依据。即可以把一个电池组中核容 2～7h 内的电压下降率落在 [−0.018，−0.012] 范围内的单体个数作为判断电池 SOH 的参考依据。

3.3.4　高温加速浮充老化实验

由于铅酸蓄电池的寿命往往较长，为了研究其寿命曲线，往往通过高温加速浮充老化实验的方法来进行分析。即通过在 60℃ 高温下进行浮充加速老化试验，缩短试验时间，研究铅酸蓄电池寿命、质量、内阻、浮充电压、浮充电流之间的变化规律。本书的编者为了研究变电站用铅酸蓄电池的寿命曲线进行了高温加速浮充老化实验。

3.3.4.1　实验方法及仪器

实验用的铅酸蓄电池是某公司生产的型号为 DJ300 的 2V 300Ah 的阀控密封式蓄电池。加速老化试验参考 GB/T 19638.1—2014 中 "6.23 60℃ 浮充耐久性试验" 的规定进行。具体方法如下：经过 3h 率容量试验达到额定值的蓄电池完全充电后在 60℃ ±2℃ 的环境中以 U_{flo}（V）恒定电压连续充电 30 天；然后将蓄电池在浮充状态下冷却到 25℃ ±2℃，再次进行 3h 率容量放电试验；当放电容量不低于 $0.80C_3$ 时，蓄电池经完全充电后再进行下一次 30 天的连续浮充电。

选取 4 只蓄电池进行试验，浮充电压分别设定为 2.15V、2.20V、2.25V、2.30V。将蓄电池置于设定在 60℃ 的可编程式温控箱中进行浮充电试验，温控箱内的温度能够保持在 60℃ ±0.5℃。3h 率放电容量用电池测试系统（宁波拜特，NBT5V100AC8）进行测试。每次结束浮充电时，称量蓄电池质量，用 HIOKI BT3563 内阻仪和 Etocsin SBM-3000 内阻仪测量蓄电池内阻。

3.3.4.2　实验结果与分析

对试验电池在不同浮充电压下加速老化 8 个循环，铅酸电池重量变化曲线如图 3-18 所示。由图 3-18 可知，随着循环次数的增加，电池质量呈下降趋势。其中，电池在 2.30V 浮充电压下浮充时质量变化最为明显，这是由于在高电压下蓄电池失水更严重。

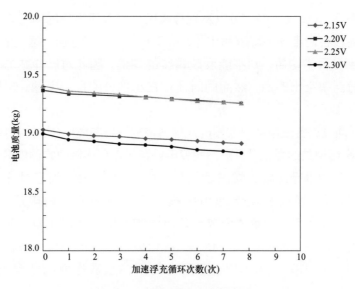

图 3-18　铅酸蓄电池质量变化曲线

图 3-19 所示为 2.25V 浮充电压下测试的蓄电池第 0～10 次 C_3 核容的放电电压曲线。在 0～2 次循环，随着循环次数的增加，铅酸蓄电池 3h 率放电电压曲线平台升高，这可能是由于蓄电池活化的原因；在加速浮充 2 次循环之后，随着循环次数增加，铅酸蓄电池 3h 率放电电压曲线平台逐渐降低，放电时间明显缩短，说明蓄电池出现了劣化，极化现象加剧，放电容量减小。

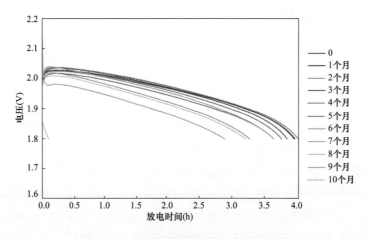

图 3-19　铅酸蓄电池 3h 率放电电压曲线

图 3-20 为不同浮充电压下测试的铅酸蓄电池的 C_3 容量随循环次数的变化曲线，可以看出，所有蓄电池均呈现前 2 次循环容量增加（活化过程），之后容量逐渐下降的趋势。但不同浮充电压下的铅酸蓄电池劣化速度存在明显差异，2.30V 和 2.15V 浮充电压下的电池容量衰减明显较快，说明其浮充电压过高（过低）。从图 3-21 中还可以看出，在不同浮充电压下加速浮充循环 9 次，即蓄电池预期寿命 9 年后，蓄电池的放电容量仍然在

180Ah 以上，满足"加速浮充电循环耐久性试验"要求。然而在此之后电池容量出现了快速的劣化，第 10 个月加速老化后的核容试验中，浮充电压设置为 2.25V 和 2.30V 的 2 只蓄电池 C_3 容量接近以 0，浮充电压设置为 2.15V 和 2.20V 的 2 只蓄电池 C_3 容量也仅有 114.76Ah 和 138.89Ah。这说明铅酸蓄电池寿命后期会出现加速老化现象，很值得运维人员的注意。

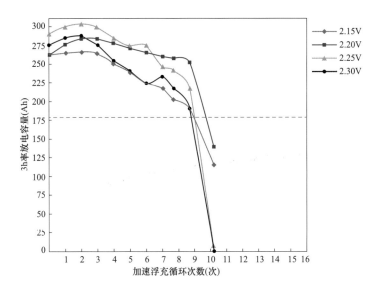

图 3-20　铅酸蓄电池 3h 率放电容量变化曲线

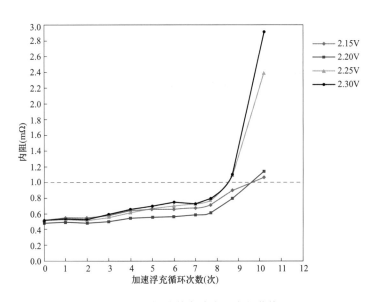

图 3-21　铅酸蓄电池内阻变化曲线

为了进一步分析铅酸电池的加速老化寿命曲线，在每次蓄电池进行 C_3 核容放电之前，用两种内阻测试仪对铅酸蓄电池的内阻值进行了测试，结果如图 3-21 所示，随着加速浮充循环次数的增加，蓄电池内阻呈增大趋势，且 2 次加速浮充循环后增大趋势更加明显。结合图 3-20 的结果可以知道，浮充电压越高，铅酸蓄电池内阻增加值越大，蓄电池容量衰减越快，意味着其寿命较短。此外，当铅酸蓄电池内阻超过其初始值的 2 倍以后，将出现严重的加速劣化，其放电容量会出现"跳水"现象。因此，在运维过程中，可将蓄电池内阻作为其寿命的一个重要考核参数，当内阻升高到初始值的 2 倍时，蓄电池应该停止服役，以降低运维风险。

对比不同浮充电压下循环 3h 率放电电压曲线（如图 3-22）可知，随着浮充电压的增大，3h 率放电电压平台降低趋势越发明显。

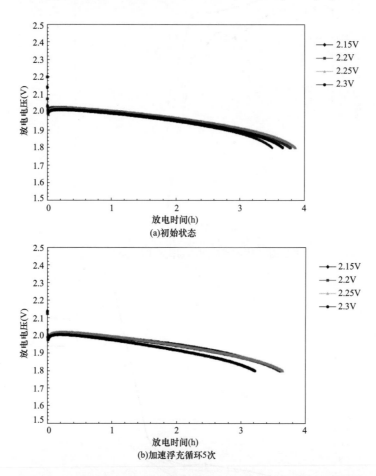

图 3-22　不同浮充电压下加速浮充循环 3h 率放电电压变化曲线对比

另外，通过对浮充电压为 2.20V 铅酸蓄电池在第 1 个月至第 10 个月高温加速浮充老化过程中的浮充电流曲线（第 29 天稳定期）的研究，如图 3-23 所示，在前 2 次循环即铅酸蓄电池活化过程中，其浮充电流整体上呈现变小的趋势。随后在老化过程中，随着老化程度的增加，蓄电池浮充电流基本保持在 0.25 ~ 0.45A 之间，整体呈增大趋势。在老化末期，即第 10 个月的浮充老化期，浮充电流有明显增大，超过 0.5A。因此，在蓄电池浮充使用寿命末期，浮充电流的明显增大应视为蓄电池失效的征兆，需要引起运维人员的警惕。

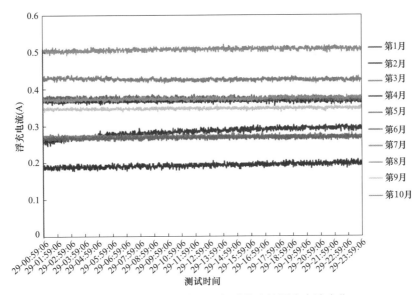

图 3-23　2.20V 浮充电压下铅酸蓄电池浮充电流变化

　　如图 3-24 所示，不同浮充电压下加速浮充过程中，铅酸蓄电池的浮充电流基本保持稳定；且铅酸蓄电池浮充电流与浮充电压密切相关，浮充电压越高，浮充电流越大。

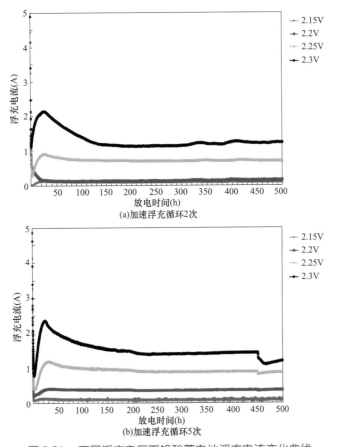

(a)加速浮充循环2次

(b)加速浮充循环5次

图 3-24　不同浮充电压下铅酸蓄电池浮充电流变化曲线

综上所述，编者通过对试验电池进行高温浮充加速老化试验，研究了铅酸蓄电池寿命、质量、内阻、浮充电压、浮充电流之间的变化规律。研究发现，铅酸蓄电池寿命后期会出现加速老化现象，需要引起运维人员的注意。在运维过程中，可将蓄电池内阻作为其寿命的一个重要考核参数，当内阻升高到初始值的 2 倍时，蓄电池应该停止服役，以降低运维风险。同时，在蓄电池浮充使用寿命末期，浮充电流的明显增大应视为蓄电池失效的征兆，也需要引起运维人员的警惕。

铅酸蓄电池
寿命评估及延寿技术

4

站用铅酸蓄电池的
典型失效模式

4.1　铅酸蓄电池的常见失效方式

铅酸蓄电池的失效是指由于各种原因引起的电池寿命缩短，其失效模式具有多样性。根据失效部位的不同，阀控密封式铅酸蓄电池（VRLA 电池）失效模式可以分为正极失效、负极失效、电解液干涸失效、隔板失效、汇流排腐蚀失效、排气阀老化失效、电池槽破裂失效等。正极失效又可以分为正极活性物质老化脱落、利用率降低及正极板栅腐蚀；负极失效主要是活性物质的不可逆硫酸盐化。一般而言，这些失效模式相互关联，相互影响共存。比如，活性物质不可逆硫酸盐化是由于欠充电造成的，而欠充电可能源自过高浓度的硫酸，这又是由于失水造成的，或是内部短路的结果。电池性能的衰退可能是多种失效模式共同作用的结构，但是对于某一款蓄电池或某一种用途的蓄电池，一般而言只有一种或几种占主要地位的失效模式，决定其使用寿命。对于电力系统而言，查找出变电站用 VRLA 电池的典型失效模式，分析其危险性，提出有针对性的策略、补足蓄电池内部短板或改善运维策略，对于规范蓄电池技术，提高站用蓄电池的可靠性、延长其使用寿命具有重要意义。

4.1.1　正极板栅腐蚀

4.1.1.1　原理

金属铅可以与硫酸发生反应，如式（4-1）所示。因此，只有电动势低于 -0.3V（vs SHE）金属铅才能够处于稳定状态。然而，在 VRLA 电池正极电动势可以达到 1.69V 以上时，正极板上的金属铅是热力学不稳定的，合金板栅氧化腐蚀在实际过程中是不可避免的。

$$Pb + HSO_4^- - 2e^- \Longleftrightarrow PbSO_4 + H^- \qquad E^\ominus = -0.3 \text{（vsSHE）} \qquad (4-1)$$

腐蚀过程如图 4-1 所示，在充电过程中，电解液中的 O 原子通过扩散达到板栅表面，与板栅铅合金发生电化学反应，将金属铅氧化为 Pb^{2+} 或者 Pb^{4+}，形成一层致密的 PbO_n（$1 < n < 2$）氧化膜。由于这层致密的氧化膜的存在，阻碍了电解液与板栅合金的直接接触，使得氧化膜覆盖下的合金处于钝化状态，大大降低了腐蚀速率。然而，随着氧化反应进行，这个氧化膜中的物质最终转化为 α-PbO_2。因为 α-PbO_2 体积大于 PbO_n，导致氧化膜出现裂缝，电解液中的氧原子可以通过这些裂缝与氧化膜下的铅合金继续发生反应。

4.1.1.2　影响因素

正极板栅腐蚀现象多出现在长期浮充应用的工况（如后备电池或者汽车启动电池）以及充电电压较高的动力型循环电池。VRLA 电池板栅合金成分是影响正极板栅腐蚀速率最为关键的因素之一。VRLA 电池多数采用 Pb-Ca-Sn-Al 合金正极板栅，其最主要优点具有较高的析氢过电位，抑制气体析出，具有较好的免维护性能。Pb-Ca-Sn-Al 合金板栅耐腐蚀性能与合金中的 Sn/Ca 比例密切相关。当 Sn/Ca 质量比较小时，Ca 会生成金属间化合物 Pb_3Ca，合金晶粒尺寸较小，腐蚀严重。当 Sn/Ca 质量比大于9时，合金中形成稳

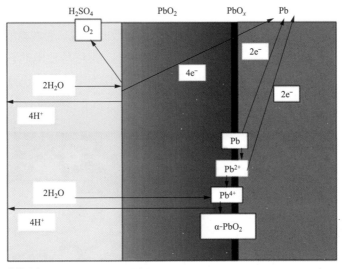

腐蚀反应：$Pb+2H_2O \rightarrow \alpha\text{-}PbO_2+4H^++4e^-$

析氧反应：$2H_2O \rightarrow O_2+4H^++4e^-$

图 4-1　板栅合金腐蚀机理示意图

定的（PbSn）$_3$Ca 或 Sn$_3$Ca 沉淀，合金晶粒尺寸增大，耐腐蚀性能提高，如图 4-2 所示。除了板栅合金成分外，板栅设计、铸造工艺，杂质含量、电解液浓度、环境温度和浮充电压等也都是影响 VRLA 电池正极板栅腐蚀重要因素。

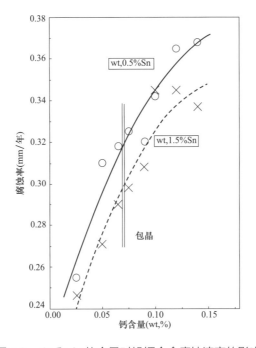

图 4-2　Ca 和 Sn 的含量对铅钙合金腐蚀速率的影响

4.1.1.3 现象

正极板栅腐蚀一方面降低了板栅机械强度，引起板栅断裂，活性物质脱落；另一方面引起腐蚀层增大，晶界腐蚀加剧，增加了电池欧姆内阻，最终导致电池容量下降。腐蚀后的正极板栅及合金如图4-3所示。从电池测试来看，表现为电池容量迅速下降，充电电压快速升高，电池内阻增大。

 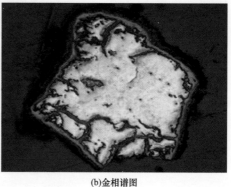

(a)照片 　　　　　　　　　　　　　　(b)金相谱图

图4-3　正极板栅合金腐蚀

4.1.2　正极活性物质软化脱落

4.1.2.1　原理

正极活性物质软化是指活性物质之间以及活性物质与板栅之间失去结合力，是VRLA电池的一种主要失效模式。正极活性物质结构复杂，D Pavlov等人认为正极活性物质是一个具有质子和电子传输功能的凝胶-晶体体系，正极活性物质结构的最小单元为PbO_2颗粒，这种PbO_2颗粒是由α-PbO_2、β-PbO_2的晶体和凝胶-水化PbO_2-PbO（OH）$_2$构成的。无定型的凝胶处于亚稳态，随着充放电循环的进行，PbO_2颗粒中的无定形态逐渐晶形化，结晶度较高、结合力较差的β-PbO_2晶体增多，水化聚合物链数目减少，凝胶区电阻增加，晶粒间的电接触恶化，同时，充电时形成的PbO_2带电胶粒又互相排斥，晶粒间接触减少，结合力下降，最终导致正极活性物的软化脱落。

4.1.2.2　影响因素

正极活性物质软化主要出现在动力型深循环使用工况下，多次深度的充放电，使得支撑活性物质的骨架结构坍塌，活性物质晶粒细化。铅膏中α-PbO_2、β-PbO_2的比率，对正极活性物质压力，温度以及充放电策略（过充、过放、大电流充电）都会影响正极活性物质软化。

4.1.2.3　现象

正极活性物质软化失效的一种情况是铅膏从板栅中脱落，电池容量损失，如图4-4所示。另一种情况，正极铅膏活性物质颗粒细化，失去硬度，成泥浆状。表现在电池中，电池容量下降。

图 4-4　正极板活性物质脱落照片

4.1.3　负极硫酸盐化

4.1.3.1　原理

VRLA 电池活性物质为 PbO_2 和 Pb，在放电的过充中，正极的 PbO_2 转化为 $PbSO_4$，负极的 Pb 同样转化为 $PbSO_4$。这个过程形成的 $PbSO_4$ 晶体细小、溶解度高，能够在充电时候重新转化为 PbO_2 和 Pb。然而，当电池处于长时间深放电、欠充状态、开路或者小倍率放电态时，电池负极中的 $PbSO_4$ 晶体无法完全转化，剩余 $PbSO_4$ 晶体将成为新的 $PbSO_4$ 沉积的晶核，通过溶解-沉积逐渐长大，形成颗粒粗大、溶解度小、化学活性差的 $PbSO_4$ 晶体，不再参与化学反应，即不可逆硫酸盐化（如图 4-5 所示）。不可逆硫酸盐化使得电池活性物质减小，并且容易在负极板表层富集，形成致密层，阻碍电解液进入，导致极板内部活性物质无法参与反应，引起电池容量损失，最终导致电池失效。

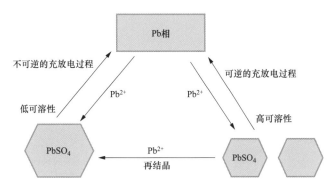

图 4-5　负极硫酸盐化示意图

4.1.3.2　影响因素

负极硫酸盐化一般出现在长期放置、长期小电流充电以及部分荷电态充放电的工况下。除了电池本身特性，如负极添加剂（$BaSO_4$、木素、腐殖酸以及碳材料等）、电解液密度、电池开闭阀压等因素外，负极硫酸盐化主要受电池充放电制度的影响。长期欠充、小倍率放电、深放电、部分荷电态高倍率充放电时，给硫酸铅晶体提供了较好的生长环境，蓄电池负极很容易发生不可逆硫酸盐化。在高温环境中，硫酸盐化尤其严重。

图4-6　硫酸盐化的负极极膏的微观形貌

4.1.3.3　现象

负极硫酸盐化主要表现为负极活性物质形成颗粒粗大的、电化学活性低的 $PbSO_4$ 晶体。反应在电池上，电池充电电压上升过快，放电时电压下降过快，电池容量不足；解剖时满充电的电池，发现负极极板划痕无金属光泽，铅膏与隔板粘联；化学滴定分析，$PbSO_4$ 含量增大；XRD 分析出现显著 $PbSO_4$ 特征峰；SEM 分析出现粗大 $PbSO_4$ 晶体，如图 4-6 所示。

4.1.4　电解液干涸

4.1.4.1　原理

氧气和氢气析出的标准电极电动势分别为 1.23V 和 0V，而蓄电池的正极和负极的反应平衡电位分别为 1.69V 和 -0.3V，这意味着在电池充电的过程中必然伴随着析氧和析氢反应，引起电池水损耗。幸运的是，在铅极板上，析氧和析氢反应都具有较大的过电位，使得电池在充放电反应先于析氧和析氢反应发生。一般来说，充入电量约 70% 时，正极开始发生析氧反应；而当充入电量约 90% 时，负极开始出现析氢反应。VRLA 电池设计将正极析出的氧气通过隔膜到达负极与负极活性物发生氧复合反应生成 $PbSO_4$，生成的 $PbSO_4$ 在充电时转化成铅，如图 4-7 所示。一方面，VRLA 电池的氧复合循环通过与负极复合消耗掉了大量的氧气；另一方面，由于铅跟氧气发生反应，电位向正方向偏移，析氢反应推迟出现，如图 4-8 所示，并且负极活性物质过量，可使电池的析氢速度降到极小。

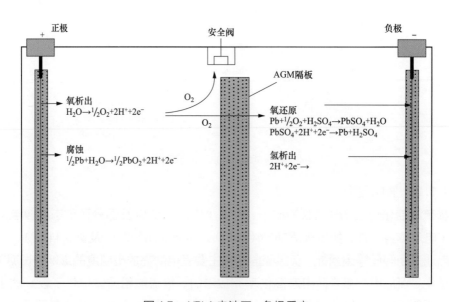

图 4-7　VRLA 电池正、负极反应

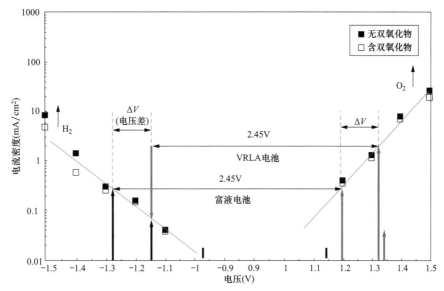

图 4-8   VRLA 电池正、负极电位变化

VRLA 电池是一种贫液式电池，内部的电解液全部吸附在电池的 AGM 隔膜中，没有游离的电解液。因此，VRLA 蓄电池对水损耗十分敏感，电池失水会引起 AGM 隔膜饱和度降低，引起电池内阻增大。图 4-9 所示为 AGM 隔膜饱和度对电阻的影响。由图 4-9 可知，当电池水损耗使得 AGM 隔膜饱和度小于 80％时，电池隔膜电阻会显著增大，从而导致电池容量减小，寿命终止。此外，大量的水损耗也会引起电解液浓度增大，从而加速合金板栅的腐蚀、正活性物质的软化以及负极硫酸盐化。

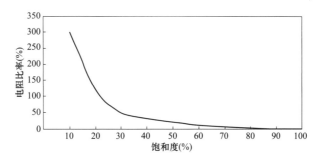

图 4-9   AGM 隔膜饱和度对电阻的影响

4.1.4.2   影响因素

造成 VRLA 电池水损耗的因素较多，电池的外壳破损、排气阀开阀压力过小、氧复合反应不完全、电解液杂质含量过高以及浮充电压过高是导致电池电解液干涸的常见原因。同时，电池正极板栅腐蚀和电池自放电过程也会消耗电解液中的水，引起电解液的干涸。

4.1.4.3   现象

VRLA 电池电解液干涸失效表现在电池性能上主要为开路电压偏高，内阻偏大，容量不足。通过解剖分析，通常隔膜含酸量较小甚至呈干涸状态，酸密度偏高。

4.1.5 热失控

4.1.5.1 原理

热失控是指蓄电池在恒压充电时，电流和温度发生一种积累性的相互促进的作用，并逐步损坏蓄电池的现象。为了减少电池失水，VRLA 电池采用负极氧复合设计，而氧复合反应能够放出大量的热量，相同电流下氧复合反应放出的热量约为电池恒流充电过程的 68 倍、水分解过程的 2.6 倍，如图 4-10 所示。同时，VRLA 电池采用密封贫液紧装配式设计，散热性较差，大量热量积累在蓄电池内部，引起电池温度迅速升高。温度升高又使电池失水加剧、隔膜饱和度下降，从而加剧电池氧复合反应，引起浮充电流增大。氧复合反应的加剧又产生大量的焦耳热反过来又促使蓄电池内部温度进一步升高，从而形成恶性循环，引起 VRLA 电池热失控。VRLA 电池热失控会引起电池温度升高，外壳膨胀变形，最终导致电池失效。

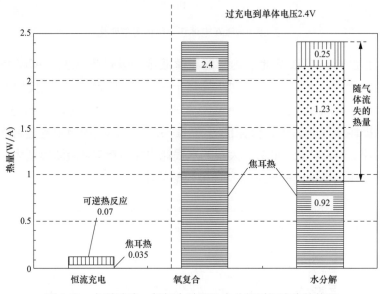

图 4-10 恒流充电，氧复合过程及水分解过程产生的热量

4.1.5.2 影响因素

电池浮充电压、环境温度、隔膜饱和度以及电池结构都是影响电池热失控重要因素。在众多因素中，浮充电压是导致蓄电池热失控最为关键的因素，而环境温度增大也会加剧电池热失控的风险。

4.1.5.3 现象

VRLA 电池热失控失效表现为浮充电流迅速增大，温度升高，电池外壳鼓胀；解剖失效电池，电池隔膜内出现黑点、黄斑，酸密度增大，正极活性物质软化。

4.1.6 微短路

4.1.6.1 原理

短路失效分两种情况，第一种是穿刺短路。穿刺短路经常是由于深放电导致的。在稀酸中，硫酸铅倾向于形成大的颗粒，沉积于隔板的孔隙内部。在充电时，这些硫酸铅转换成枝状金属铅晶体，导致穿刺短路。第二种短路是由于"苔藓"、金属沉降物等造成的。这一类型的短路一般是正极活性物质老化的结果。正极活性物质中的二氧化铅颗粒之间失去连接作用后，会悬浮在电解液中，由于电解液的对流，会沉积在负极的顶部或边缘，在充电时还原成金属铅，形成"苔藓"沉积，导致内部短路。另外，脱落的正极活性物质会沉在电池的底部，这些二氧化铅也会造成正负极间的短路。

4.1.6.2 影响因素

VRLA 电池微短路失效主要影响因素包括隔膜厚度、隔膜孔率、电解液添加剂以及放电制度。其中，隔膜厚度和隔膜孔率是影响 VRLA 电池微短路最为关键的两个因素。

4.1.6.3 现象

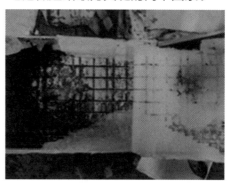

微短路失效 VRLA 电池通常开路电压和浮充电压略微偏低，容量偏低，自放电较大，大电流放电时，电压迅速下降。短路会导致电池长期处于欠充状态，从而会导致上述的不可逆硫酸盐化。杂质引起的蓄电池内短路如图 4-11 所示。

4.1.7 汇流排腐蚀

4.1.7.1 原理

图 4-11 杂质引起的蓄电池内短路

在 VRLA 电池中负极汇流排合金在浮充的过程中也会出现腐蚀现象，负极汇流排表面形成粉末状的硫酸盐层，引起汇流排机械强度的降低，在应力的作用下易于发生断裂，从而导致电池失效。

负极汇流排腐蚀是 VRLA 电池一种特有的失效方式，由电化学腐蚀与化学腐蚀共同作用的结果。负极汇流排不同部位的反应分布如图 4-12 所示（图中 Cl 为腐蚀层；I_v 为通过吸附在隔板的电解液表面的电流；I_s 通过腐蚀层孔的电流；I 为回路总电流）。由于贫液和氧气复合的特性，大量氧气聚集在极群上部，而负极汇流排表层电位随着离开液面距离增大向

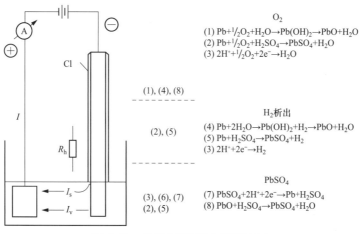

O_2
(1) $Pb+\frac{1}{2}O_2+H_2O \rightarrow Pb(OH)_2 \rightarrow PbO+H_2O$
(2) $Pb+\frac{1}{2}O_2+H_2SO_4 \rightarrow PbSO_4+H_2O$
(3) $2H^+ +\frac{1}{2}O_2+2e^- \rightarrow H_2O$

H_2 析出
(4) $Pb+2H_2O \rightarrow Pb(OH)_2+H_2 \rightarrow PbO+H_2O$
(5) $Pb+H_2SO_4 \rightarrow PbSO_4+H_2$
(3) $2H^+ +2e^- \rightarrow H_2$

$PbSO_4$
(7) $PbSO_4+2H^+ +2e^- \rightarrow Pb+H_2SO_4$
(8) $PbO+H_2SO_4 \rightarrow PbSO_4+H_2O$

图 4-12 负极汇流排不同部位反应

正方向移动，负极极耳距离集群 1~3cm 处，电位由 −1.3~−1.1V（相对于 Hg/Hg_2SO_4 电极）向正移为 −0.8~−0.6V（相对于 Hg/Hg_2SO_4 电极），高于 $PbSO_4/Pb$ 的平衡电位（−0.9V，相对于 Hg/Hg_2SO_4 电极），负极汇流排失去阴极保护。同时，汇流排上吸附电解液膜的 pH 值离集群越远，pH 越高，在汇流排顶部造成碱性环境，化学腐蚀反应加速。在长时间的浮充使用过程中会发生腐蚀，腐蚀严重时会导致汇流排断裂，造成电池汇流排腐蚀失效。

同时，由于焊接温度、冷凝速度以及表面杂质的影响，焊接过程中会改变汇流合金金相结构，导致汇流排合金中 Sn 的偏析，引起强烈的晶间腐蚀，加剧汇流排腐蚀速率。

此外，由于焊接不均匀，导致极耳与汇流排不能完全熔融而形成虚焊，在极耳与汇流排交界处形成缝隙，由于缝隙内外存在着氧浓度差从而形成氧浓差电池，发生局部缝隙腐蚀。

4.1.7.2　影响因素

负极汇流排腐蚀主要出现在浮充型后备电源领域。影响负极汇流排腐蚀的内因主要有汇流排合金成分、焊接工艺、汇流排与集群的距离、负极汇流排处的 pH 环境以及电池内氧气环境。

4.1.7.3　现象

负极汇流排腐蚀失效电池主要表现为开路电压偏低、内阻偏高，浮充电压出现不停跳动，小电流放电容量影响不大，大电流放电容量急剧下降。解剖失效电池，可以发现汇流排表层存在白色粉末状硫酸铅，严重时汇流排完全粉化断裂。

汇流排腐蚀典型图片如图 4-13 所示。

(a)蓄电池负极汇流排腐蚀照片

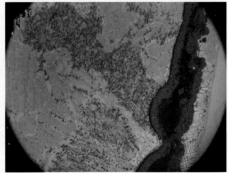

(b)负极汇流排缝隙腐蚀金相图

(c)负极汇流排与极耳连接处断口照片

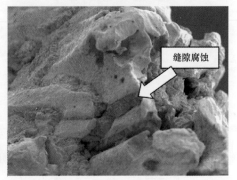

(d)负极汇流排缝隙腐蚀显微照片

图 4-13　汇流排腐蚀典型图片

4.1.8 电池漏液

4.1.8.1 原理

电池漏液主要包括极柱漏液、槽盖漏液以及阀口漏液三种形式。

（1）极柱漏液：密封胶密封的结构出现密封胶与极柱金属铅粘接失效，硫酸腐蚀极柱表面直到电池极柱连接端；或者密封胶与槽盖结合界面的粘接失效，硫酸通过界面到达电池外部。

（2）槽盖漏液：电池槽与电池盖之间通过热熔粘接的方式或者密封胶的方式将电池槽和盖粘接到一起，热熔粘接界面或者胶水粘接界面失效后，内部硫酸泄漏或渗漏到电池外部。

（3）阀口漏液：由于电池设计有内部气压安全保护的装置，电池内部的高压酸蒸汽会与气体一起通过减压阀排出，低浓度硫酸会残留在阀口。

4.1.8.2 影响因素

阀口漏液、极柱漏液和槽盖漏液都会引起电池内部硫酸含量减少，腐蚀正负极链接条，造成接触不良，如果硫酸与铁架接触将会与电池内部形成通路，产生火花甚至火灾。

4.1.8.3 现象

VRLA 电池出现漏液失效多表现在电池外部存在酸漏出，容量降低，链接条或者铁架存在腐蚀，严重时漏出的酸液会使得电池形成通路产生火花，引起燃烧。

综上所述，阀控式铅酸蓄电池常见的失效模式如图 4-14 所示。表 4-1 总结出了常见失效模式的形成原因、现象及影响参数。

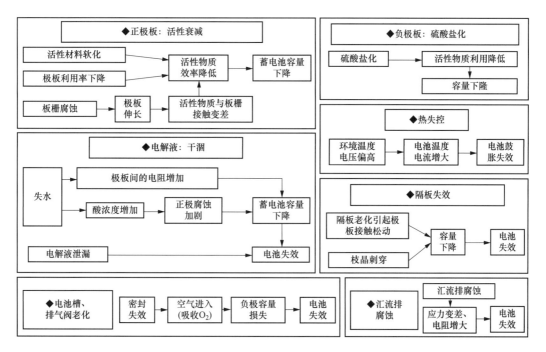

图 4-14　VRLA 电池常见失效模式

表 4-1　　　　　　　　　VRLA 电池常见失效模式及所对应的影响参数

失效模式	形成原因	故障现象	影响参数
正极板栅腐蚀	浮充电压过高、温度过高		浮充电压、温度
正极铅膏软化	充电电流过大、电解液密度过高		充电电流、温度
硫酸盐化	浮充电压偏低、长时间充电不足、放电后未及时充电	充电时电压迅速升高，放电时电压迅速下降	浮充电压
电解液干涸	浮充电压过高、过充电流过大、温度偏高、密封不严	开路电压较高，放电容量较小，内阻显著增大	浮充电压、温度、内阻
热失控	温度过高、电解液过多	浮充电流迅速增大，温度升高，内阻下降，电池外壳鼓胀	温度、电解液、浮充电流
微短路	沉积短路、穿刺短路	开路电压和浮充电压基本正常，较大电流放电时，电压下降较大	放电电流
汇流排腐蚀	析氧腐蚀、缝隙腐蚀	开路电压偏低，浮充偏低，容量偏低，内阻偏高	浮充电压、内阻
电池漏液	密封失效、电池槽破裂	酸漏出，容量降低，链接条或者铁架存在腐蚀	密封胶、密封工艺

4.2　站用铅酸蓄电池的典型失效模式分析

虽然蓄电池的失效模式多种多样，但针对某个地域，某种特殊应用场景，一般只有一种或几种主要的失效模式，决定着蓄电池的使用寿命。例如某个区域电网的站用 VRLA 蓄电池，其运行环境、运维水平、设备质量具有一定的共性，研究其典型的失效模式，对于补齐短板，延长蓄电池使用寿命具有重要意义。

4.2.1　失效蓄电池基本信息

为了研究南方电网的站用 VRLA 蓄电池典型失效模式，从南方电网收集了 10 只失效铅酸蓄电池（编号 1～10），这些蓄电池来自 5 家不同的供应商，标称电压均为 2V，标称容量 200Ah、300Ah 和 500Ah，均为近半年从变电站直流系统退役下来的失效蓄电池。对失效蓄电池进行外观、质量、开路电压、电导、C_{10} 容量和 C_3 容量测试，其基本信息如表 4-2 所示。

表 4-2　　　　　　　　　　　失效蓄电池基本信息表

电池编号	标称电压（V）	标称容量（Ah）	质量（kg）	开路电压（V）	电导（S）	C_{10} 容量（Ah）	C_3 容量（Ah）
1	2	300	19.42	1.130	—	—	—
2	2	300	19.45	1.938	52	—	—
3	2	300	21.92	2.129	1963	302	234
4	2	300	22.86	2.138	1863	302	245

电池编号	标称 电压（V）	标称 容量（Ah）	质量（kg）	开路 电压（V）	电导（S）	C_{10} 容量 （Ah）	C_3 容量 （Ah）
5	2	200	18.69	1.046	—	—	—
6	2	300	18.81	2.138	3552	205	163
7	2	300	22.38	—	—	44	—
8	2	300	22.27	0.581	—	—	—
9	2	500	32.11	2.149	3071	481	351
10	2	300	18.55	2.174	1097	57	—

4.2.2 失效蓄电池电极电位分析

电极电位法是在蓄电池正、负极之间加入参比电极，根据蓄电池充电或放电过程中正、负极分别相对于参比电极的电位变化，对比电池端电压变化曲线，从而判断蓄电池失效的电极是正极还是负极。表 4-3 为失效蓄电池的电极电位分析表。图 4-15 和图 4-16 展示了部分失效蓄电池电极电位充放电曲线。初步判定，正极失效是蓄电池失效的一个主要原因，3、4、6、7、9 和 10 号共 6 只蓄电池由于正极在放电末期电压急剧下降导致蓄电池电压下降，蓄电池失效。热失控是蓄电池失效的另一个原因，2 号和 7 号蓄电池在充电末期的浮充电流高达 20A，存在热失控的倾向。另外有 3 只蓄电池（1、5 和 8 号）出现断路，其正、负极开路电压都偏离正常值，无法判断电池失效部位。

表 4-3　　　　　　　　　　失效蓄电池电极电位分析表

电池编号	正极开路电位 V（相对于 Ag/Ag_2SO_4 电极）	负极开路电位 V（相对于 Ag/Ag_2SO_4 电极）	失效初判
1	0.824	−0.295	
2	0.980	−0.934	热失控
3	1.067	−0.979	正极失效
4	1.133	−0.994	正极失效
5	0.758	−0.283	—
6	1.097	−0.899	正极失效
7	−0.303	−0.914	正极失效/热失控
8	0.141	0.097	
9	0.886	−1.096	正极失效
10	1.094	−1.006	正极失效

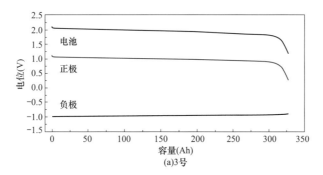

图 4-15　部分失效蓄电池电极电位充、放电电压曲线（一）

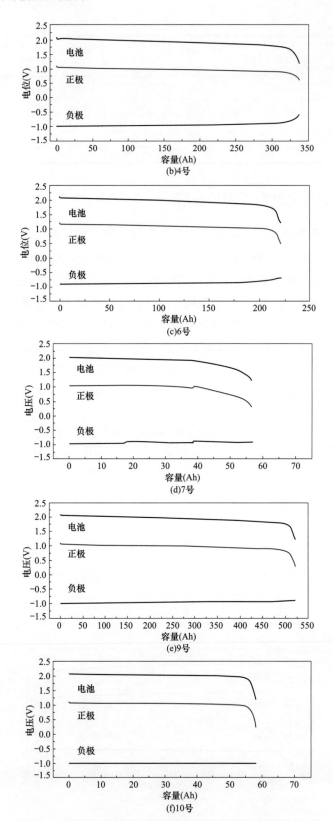

图 4-15　部分失效蓄电池电极电位充、放电电压曲线（二）

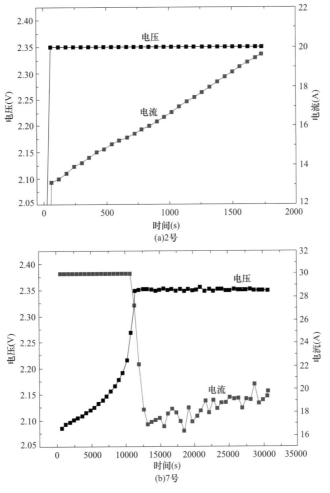

图 4-16　2 号和 7 号失效蓄电池热失控过程电压电流曲线

4.2.3　失效蓄电池解剖分析

将 10 只失效蓄电池解剖后，对其正极板、负极板、隔膜、正极汇流排和负极汇流排等部位进行仔细检查。从表 4-4 所示形貌可以看出，正极板栅合金腐蚀是蓄电池失效的最主要的因素之一，10 只蓄电池都出现了不同程度的正极腐蚀，除了 3、6 号和 9 号蓄电池正极板栅仍然能保持极板结构外，其他蓄电池的正极板栅都在解剖的过程中断裂了，表明这些蓄电池的正极板栅严重腐蚀，已经失去维持极板结构的机械强度。

表 4-4　　　　　　　　　　　　　失效蓄电池内部各组成部分形貌

电池编号	电极	极板	隔膜	汇流排
1	正极			

电池编号	电极	极板	隔膜	汇流排
1	负极			
		正极板栅严重腐蚀，不能保持机械结构	隔板有黄斑，有热失控发生	负极汇流排严重腐蚀，完全断裂
2	正极			
	负极			
		正极板栅严重腐蚀，不能保持机械结构		正极汇流排弯曲，负极汇流排严重腐蚀，部分极耳与汇流排断开
3	正极			
	负极			
		极板结构完整，铅膏软化粘连隔膜		
4	正极			
	负极			
		正极板栅腐蚀较严重，难以有效保持板栅结构		

电池编号	电极	极板	隔膜	汇流排
5	正极			
	负极			
		正极板栅筋条严重腐蚀，负极表面有黄色氧化铅		
6	正极			
	负极			
		极板结构完整，铅膏软化粘连隔膜，正极板底部有硫酸铅的白斑		
7	正极			
	负极			
		正极板栅腐蚀较严重，难以有效保持板栅结构	电解液轻微干涸	负极汇流排腐蚀较严重，但结构基本完整
8	正极			

续表

电池编号	电极	极板	隔膜	汇流排
8	负极			
		正极板栅腐蚀较严重，难以有效保持板栅结构	电解液轻微干润，隔膜上有大量黄斑	负极汇流排腐蚀断裂
9	正极			
	负极			
		极板结构完整，铅膏软化粘连隔膜	有隔膜被穿透	
10	正极			
	负极			
		正极板栅腐蚀较严重，铅膏软化粘连隔膜		

　　负极汇流排腐蚀是另一种典型失效模式。有4只蓄电池（1、2、7号和8号）负极汇流排腐蚀严重，其中1号和8号蓄电池负极汇流排完全断裂。表4-2中也可以看到这两只蓄电池都已经出现断路现象。

　　同时，6、9号和10号蓄电池出现了一定程度的铅膏软化，而且大部分电池负极板都没有了金属光泽，并与隔板粘连着，表明负极表面有一定程度的硫酸盐化。9号蓄电池失效主要原因是部分隔板穿透，正、负极之间形成了微短路。在浮充工作模式下，由于微短路引发自放电，这只蓄电池的容量将低于其他电池。但在 C_{10} 容量测试过程中，由于放电是紧接着充电进行的，自放电很有限，所以测试的 10h 率容量仍然可以达到 520Ah。这应该是个别案例，并非站用蓄电池失效的主要原因。

4.2.4 失效蓄电池的材料分析

失效蓄电池正、负极二氧化铅含量、硫酸铅含量、比表面积、酸密度信息如表4-5所示。因为6、7、8号蓄电池属于矮型电池，所以只对上、下两部分进行了测量。由表4-5可见，断路或者无法充电的失效电池，正极二氧化铅含量和酸密度非常低，推测是由于长时间搁置，蓄电池正、负极发生自放电，正极二氧化铅与电解液中的硫酸反应生成硫酸铅造成的。图4-17和图4-18展示了失效蓄电池正、负极铅膏的扫描电子显微镜（SEM）照片，可以看到电极内部存在着大量的硫酸铅晶体。表4-6展示了正极板栅合金及正负极汇流排合金金相分析结果。由表4-6可见，正极板栅合金存在着严重的腐蚀，除了6号和9号蓄电池的板栅合金外，其他电池的合金筋条都被腐蚀缝隙完全贯穿了，意味着这些板栅合金已经无法提供维持极板所需的机械强度。在解剖过程中，对应的蓄电池正极也表现出极板断裂的现象。同时，除了少数一些负极汇流排具有防护层的蓄电池外，多数负极汇流排腐蚀严重，金相测试腐蚀层在150～600μm之间，部分汇流排还存在着腐蚀缝隙，增加了负极汇流排失效的风险。

表 4-5　　　　　　　　　　　失效蓄电池正负极活性物质含量及酸密度分析表

电池编号	正极 PbO_2 含量（%）			正膏比表面积（m²/g）	负极 $PbSO_4$ 含量（%）			负膏比表面积（m²/g）	ρ（$PbSO_4$，g/m²）		
	上	中	下		上	中	下		上	中	下
1	26.40	29.41	25.60	2.46	13.91	16.95	13.27	0.5	1.01	1.01	1.01
2	41.46	23.33	19.60	1.61	12.55	11.63	15.78	0.21	1.02	1.03	1.04
3	53.75	61.54	70.75	2.28	11.81	14.39	11.84	0.312	1.27	1.27	1.27
4	73.88	69.87	67.50	1.96	8.44	9.13	10.83	1.07	1.26	1.26	1.26
5	16.13	16.38	16.41	0.91	14.97	19.27	14.23	0.29	①		
6	68.39	—	35.82	1.19	15.53	—	15.96	0.46	1.27	—	1.27
7	33.37	—	34.85	1.53	15.41	—	18.20	0.29	1.01	—	1.01
8	49.55	—	44.09	5.07	18.55	—	27.23	0.235	1.01	—	1.01
9	64.88	65.23	75.62	2.01	14.18	15.72	14.60	1.03	1.25	1.25	1.25
10	71.51	62.80	67.78	1.24	15.15	14.81	15.98	0.47	1.30	1.30	1.30

① SiO_2 含量为 10.43%。

(a) 1号正极极膏

(b) 1号负极极膏

图4-17　1～5号失效蓄电池正极铅膏和负极铅膏的显微照片（一）

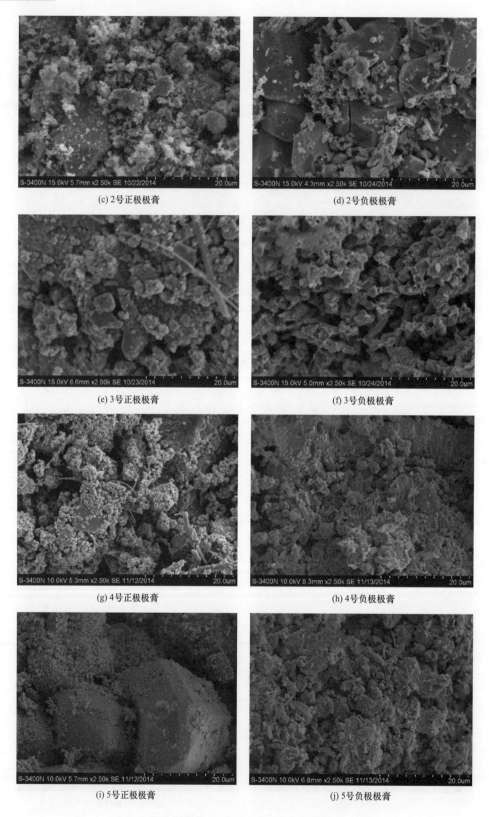

(c) 2号正极极膏

(d) 2号负极极膏

(e) 3号正极极膏

(f) 3号负极极膏

(g) 4号正极极膏

(h) 4号负极极膏

(i) 5号正极极膏

(j) 5号负极极膏

图4-17　1~5号失效蓄电池正极铅膏和负极铅膏的显微照片（二）

(a) 6号正极极膏   (b) 6号负极极膏

(c) 7号正极极膏   (d) 7号负极极膏

(e) 8号正极极膏   (f) 8号负极极膏

(g) 9号正极极膏   (h) 9号负极极膏

图 4-18   6～10 号失效蓄电池正极铅膏和负极铅膏的显微照片（一）

|(i) 10号正极极膏|(j) 10号负极极膏|

图 4-18　6～10 号失效蓄电池正极铅膏和负极铅膏的显微照片（二）

表 4-6　　　　　失效蓄电池正极板栅及正、负极汇流排合金金相分析

电池编号	项目	正极板栅	正极汇流排	负极汇流排
1	照片			
	腐蚀厚度	严重腐蚀	$50\sim200\mu m$	$400\sim600\mu m$
2	照片			
	腐蚀厚度	严重腐蚀	$50\sim200\mu m$	$400\sim500\mu m$
3	照片			
	腐蚀厚度	$30\sim40\mu m$	$20\sim40\mu m$	$60\sim80\mu m$
4	照片			
	腐蚀厚度	$100\sim150\mu m$，缝隙腐蚀严重	$100\sim160\mu m$	$250\sim400\mu m$

电池编号	项目	正极板栅	正极汇流排	负极汇流排
5	照片			
5	腐蚀厚度	严重腐蚀，约 1200~1500μm	50~100μm	30~100μm
6	照片			
6	腐蚀厚度	50~100μm	150~250μm	20~40μm
7	照片			
7	腐蚀厚度	严重腐蚀	50~100μm；腐蚀裂缝	150~250μm
8	照片			
8	腐蚀厚度	严重腐蚀	50~100μm；腐蚀裂缝	150~250μm，腐蚀裂缝
9	照片			
9	腐蚀厚度	10~30μm	50~100μm	20~60μm

续表

电池编号	项目	正极板栅	正极汇流排	负极汇流排
10	照片	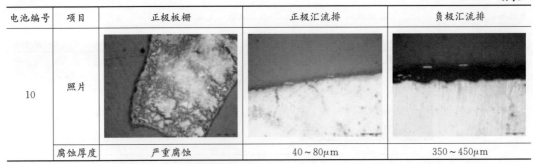		
	腐蚀厚度	严重腐蚀	$40\sim80\mu m$	$350\sim450\mu m$

4.2.5　站用 VRLA 电池典型失效模式分析

根据上述失效蓄电池的外在特性和内在材料表征信息，综合分析各个失效模式对电池的影响，站用铅酸蓄电池提前失效的最主要原因有 3 个：正极板栅腐蚀、负极汇流排腐蚀和负极硫酸盐化。 电池失效模式分析如表 4-7 所示。

表 4-7　　　　　　　　　　　　电池失效模式分析表

电池编号	正板栅腐蚀	铅膏软化	热失控	负极硫酸盐化	汇流排腐蚀	干涸	短路
1	▲		▲	▲	▲		
2	▲		▲	▲	▲		
3	■	■		■			
4	▲	■		■	■		
5	▲	■		■		▲	
6	■	▲		●			
7	▲	■	▲	▲	▲	●	
8	▲		▲	▲	▲	●	
9	●	▲		●			▲
10	▲	▲		■	■		

注　▲严重；■普通；●轻微。

（1）正极板栅腐蚀：正极板栅腐蚀是浮充型蓄电池最常见的失效模式，因此 10 只失效蓄电池都有着不同程度的正极板栅腐蚀问题。正极板栅腐蚀会引起板栅形变、铅膏与板栅脱离、正极极化增加，从而导致蓄电池容量的下降。

（2）负极汇流排腐蚀：由于负极氧复合反应，负极汇流排处呈碱性环境，使得金属铅不断被腐蚀形成硫酸铅，最终导致负极汇流排断裂。从解剖结果来看，负极汇流排腐蚀往往伴随着正极板栅腐蚀、热失控及电解液干涸等失效因素。推测在蓄电池浮充过程中，电池正极板栅先发生腐蚀，从而使得正极电位向更正的方向偏移，即加剧了在正极上的析氧反应；氧气的大量析出造成电池负极氧复合反应增大，加剧负极汇流排的腐蚀风险；正极板栅腐蚀及氧气析出的过程都需要消耗水，从而引起电解液的干涸，增加了氧气传递通道，进一步加剧氧复合反应，同时增加了电池热失控的风险。

（3）负极硫酸铅盐化：由于蓄电池浮充电压偏低、长期充电不足、电解液密度过高或温度过高等原因，蓄电池负极板上就会生成大颗粒的硫酸铅晶体，这种大颗粒硫酸铅晶体会堵塞极板活性物质的微孔，阻碍电解液的渗透和扩散；同时由于硫酸铅晶体导电性差，增加了蓄电池的内阻；在充电时这种硫酸铅晶体也不易转变成为海绵状铅，使极板上的活性物质减少，会降低蓄电池的有效容量。

（4）其他失效模式：如铅膏软化、热失控等失效模式也是站用 VRLA 电池的重要失效模式，但更多的时候是由于前 3 种失效模式导致了进一步失效。

从危险性来说，正极板栅腐蚀、负极硫酸盐化两种模式会引起蓄电池内阻增大，容量下降，因此均可以通过核容来发现。不同的是，正极板栅腐蚀是蓄电池"筋骨"的损坏，不能修复；而负极硫酸盐化一般来说可以通过脉冲电流、添加修复剂等物理、化学的手段，使蓄电池容量得到一定程度的修复。负极汇流排腐蚀则最具有隐蔽性，危害也往往最大。在浮充过程中，电流很小，汇流排保持连接，浮充电压基本能保持正常值，一旦发生事故需要大电流放电时，被严重腐蚀的汇流排会被烧断，引起蓄电池组开路，彻底失去应有的功能。

铅酸蓄电池
寿命评估及延寿技术

铅酸蓄电池在线监测及
核容技术

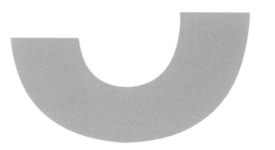

5.1 铅酸蓄电池传统维护技术

5.1.1 铅酸蓄电池传统维护措施

变电站蓄电池的运维主要依据为 DL/T 724—2000《电力系统用蓄电池直流电源装置运行与维护技术规程》。标准中 6.3.3 规定："新安装或大修后的阀控蓄电池组，应进行全核对性放电试验，以后每隔 2~3 年进行一次核对性试验，运行了 6 年以后的阀控蓄电池，应每年作一次核对性放电试验。"

DL/T 724—2000 中 6.3.4 规定：

（1）阀控蓄电池组的运行中电压偏差值及放电终止电压值应符合表 5-1 的规定。

表 5-1　　　　　阀控蓄电池在运行中电压偏差值及放电终止电压值的规定　　　　　　V

阀控式密封铅酸蓄电池	标称电压		
	2	6	12
运行中的电压偏差值	±0.05	±0.15	±0.3
开路电压最大、最小电压差值	0.03	0.04	0.06
放电终止电压值	1.80	5.40（1.80×3）	10.80（1.80×6）

1）在巡视中应检查蓄电池的单体电压值、连接片有无松动和腐蚀现象、壳体有无渗漏和变形、极柱与安全阀周围是否有酸雾溢出、绝缘电阻是否下降，蓄电池温度是否过高等。

2）备用搁置的阀控蓄电池，每 3 个月进行 1 次补充充电。

3）阀控蓄电池的温度补偿系数受环境温度影响，基准温度为 25℃时，每下降 1℃，单体 2V 阀控蓄电池浮充电压值应提高 3~5mV。

4）根据现场实际情况，应定期对阀控蓄电池组作外壳清洁工作。

（2）根据蓄电池厂家要求区别设置不同厂家蓄电池浮充电压。

（3）每 3 个月对蓄电池组进行一次均充电，目的有二：一是对电池容量的一种补充，二是作为对电池活性物质的激活。

（4）运行人员每月测量一次蓄电池组电压，对蓄电池室进行巡视。

（5）按照规程，新蓄电池组安装后进行 100% 全容量核对性试验，测量该组蓄电池的全容量和查找落后蓄电池。以后每隔 2 年进行 1 次 80% 核对性容量试验，运行 6 年以后的蓄电池，每年进行 1 次核对性容量试验。

在 Q/GDW 606—2011《变电站直流系统状态检修导则》中，按工作性质内容及工作涉及范围，把变电站直流系统的检修工作分为四类（见表 5-2）：A 类检修、B 类检修、C 类检修、D 类检修，其中 A、B、C 类为停电检修，D 类为不停电检修。A 类检修是指变电站直流系统整体更换、主要单元或装置（蓄电池组、充电装置、馈线柜）整组更换及相关试验。B类检修是指变电站直流系统的局部检修或更换及相关试验。C类检修是指常规性检查、维修和例行试验。D类检修是指变电站直流系统在不停电状态下进行的带电测试、外观检查和维修。

表 5-2   变电站直流系统的检修分类及检修项目

检修分类	检修项目
A 类检修	（1）整体更换。 （2）主要单元或装置（蓄电池组、充电装置、馈线柜）整组更换。 （3）相关试验
B 类检修	（1）局部检修或更换。 1）更换不合格单体蓄电池。 2）更换故障充电模块。 3）更换或现场检修监控装置。 4）更换或现场检修绝缘监测装置。 （2）相关试验
C 类检修	（1）更换端子排、直流断路器（熔断器）等。 （2）单节电池活化处理。 （3）防酸隔爆帽等清洗。 （4）相关试验。 1）蓄电池核对性充放电。 2）充电装置特性试验。 3）接地选线试验。 4）绝缘监测装置试验。 5）电压监测试验（直流断路器脱扣、熔断器熔断试验）。 6）母线调压装置试验
D 类检修	（1）带电测试及维修。 1）电池清扫。 2）内阻测试。 3）清扫、检查、维修。 （2）检查巡视

5.1.2 铅酸蓄电池传统维护技术

5.1.2.1 测量浮充电压

浮充电压对蓄电池的寿命具有相当重要的影响，理论上浮充电压产生的电流应刚好补偿蓄电池的自放电。浮充电压过高会加剧蓄电池正极腐蚀和失水，使蓄电池容量迅速下降；而浮充电压过低会使蓄电池充电不足，引起蓄电池落后，造成不可逆硫酸铅化的累积。浮充电压的选择可以根据厂家说明书的要求设定。

虽然测量浮充电压并及时作出调整是蓄电池日常维护的一项重要工作，但是测量浮充电压并不能准确地找出落后单体电池，浮充状态下的蓄电池电压不足以作为准确判别蓄电池性能好坏的依据。图 5-1 所示为蓄电池浮充电压与放电试验时电压比较图，万用表测得该组 13 号蓄电池的浮充电压正常，但放电时，该蓄电池的端电压迅速降至截止电压以下，显然该蓄电池为落后单体。

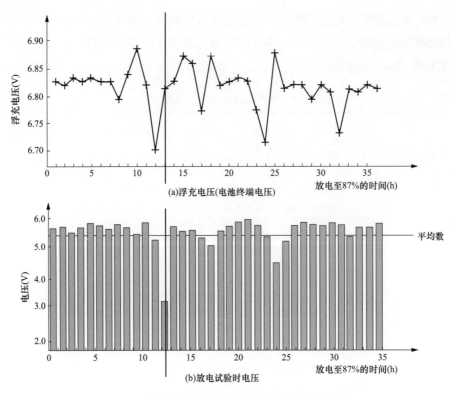

图 5-1　蓄电池浮充电压与放电试验时电压比较图

在早期的蓄电池维护中，由于测试仪器的匮乏，维护人员普遍采用万用表对蓄电池电压进行测量，通过电压高低来简单判断蓄电池性能的好坏。而蓄电池的实际放电能力只能通过蓄电池实际容量反映出来，通过测量电池端电压只能在一定程度上反映电池的落后情况。在实际操作中经常会发现，浮充状态下，坏电池或者落后电池与正常电池的电压没有太明显区别，大量研究实践证明，即便是浅度放电状态，单纯通过电压高低并不足以判别电池性能的好坏。

从失效机理中可以看出，除了热失控和极耳腐蚀断裂，所有的失效都是一个缓慢变化的过程，单纯靠测量浮充电压很难反映出来，往往电池容量已经严重损失，浮充电压还显示正常。

5.1.2.2　测量内阻或电导

目前，蓄电池内阻被公认为判断蓄电池健康状况的重要参数。因为蓄电池内部阻抗与蓄电池的容量及完好性有着密切的关系，所以内阻测量越来越受运维人员的重视。但内阻在线测试要求的精度高，技术难度大。各厂家的技术和设备各有特点，测试内阻的准确度和抗干扰能力差别也很大，其测试的好坏也直接影响整个监测系统的质量。

目前国际上流行一种用电导测试的方法检测蓄电池的内阻，并借此判断蓄电池的容量。电导，即电阻的倒数，是指传导电流的能力。VRLA 电池的电阻组成是复杂的，包含了电池的欧姆电阻、浓差极化电阻、电化学反应电阻及双层电容充电时的干扰作用。在不同的量测点和不同的时刻测得的电阻值包含的组成也是不同的。此外，通过仪器测量蓄电池的内阻数据，测量结果受工作人员测试方法影响较大，受仪器与蓄电池极柱接触电阻的影响，测量数据有较大偏差。

近几年，内阻测试技术已在蓄电池检测中得到广泛应用。导致电池失效的正极板腐蚀、失水、负极板硫酸盐化等，都会在电池内阻测试中得到反映。内阻测试方便快捷，可用于发现失效电池，尤其对电池失水导致的内阻增加比较敏感。因此，测量内阻可作为判断蓄电池性能的手段之一。

5.1.2.3 测量放电容量

蓄电池的实际放电容量是衡量蓄电池健康状况的最主要标准。传统的离线容量测试法须将电池从系统上脱离下来，接上电热丝作为负载，通过调整电热丝，使电池组以额定电流对电热丝放电，同时用万用表每隔一定时间测量电池端电压，直至其中有一单体的端电压到达规定的终止电压时停止放电，其放电时间与放电电流的乘积即为该电池的实际容量。此种检测方法测量电池的容量数值准确，能够清晰地判别电池是否为失效电池。但此种方法存在下列缺陷：

（1）蓄电池须脱离系统，增加了系统电源故障风险。

（2）笨重的电热丝需要多人搬运，且至少须一人测量、一人记录数据，需要投入大量人力和物力。

（3）个别蓄电池端电压可能在两次测量间隔期间突然降至截止电压以下，造成过度放电。

（4）整组蓄电池放电至少需要 8h，充电需花费 10 多个小时，耗时长，且充电时可能会造成个别电池过充。

（5）核容过程浪费大量的电能。以 110V/300Ah 规格的电池组计算，放电一次损失电量约 33kWh。

核对性放电容量试验虽然能 100% 地测定蓄电池的容量，但是，这种测试方法也有一些缺点，如成本昂贵、设备笨重、耗费时间长、需对专人进行培训，更主要的是这种测试必须把蓄电池从设备上隔离开相当长的一段时间，而在这段时间里，如果没有蓄电池作为后备电源，或者蓄电池带系统负荷进行放电试验。实际上主设备是缺少后备电源保护的，增加了电网系统或电力设备事故风险。

5.1.3 铅酸蓄电池传统维护技术的不足

总的来说，传统的维护技术主要基于浮充电压测量、内阻测量和核容，存在着明显的不足之处：

（1）维护效率低，耗费大量人力物力。以广东电网东莞供电局为例，有 120 多座 110kV 及以上等级的变电站，若按要求进行每月 1 次的电压测量、每 3 个月进行 1 次内阻测试、每两年进行 1 次容量测试，无论人员、车辆、工作量的耗费均是一个巨大的数目。并且随着直流工作的细化、规范化和蓄电池管理条例的完善，蓄电池维护方面的工作量成倍地增长。同时，由于缺乏良好的测试技术及维护手段，查找落后蓄电池占用了维护班组巨大的工作量。

（2）不能掌握蓄电池的实时数据，也就无法主动地对蓄电池进行自动维护，也不能掌握到蓄电池的特征参数变化趋势，需要人工的积累数据来形成一个数据分析的系统。

（3）维护过程存在盲区，蓄电池的容量并非线性变化，后期衰减比较迅速，蓄电池可能在两次核容之间出现容量跳水。

5.2 铅酸蓄电池在线监测技术

5.2.1 铅酸蓄电池实现在线监测的意义

5.2.1.1 提高维护效率

传统蓄电池维护方法需要检测人员携带仪器到现场进行蓄电池性能试验，记录数据并做数据分析。这需要维护人员做大量的测试工作，由于直流电源系统蓄电池的数量多、工作量非常大，鉴于供电局直流系统运维人员有限，所以要实时了解每一组蓄电池的健康状态是很难实现的。使用蓄电池在线监控系统后，蓄电池维护由人工日常测试和维护提高到全自动智能维护和监控管理，可以减少维护人员工作量，提高维护效率。

此外，有些变电站、机房、基站在非常偏远的地方，日常的维护非常困难，有时候一年都无法做一次完整的测试和维护，增加了蓄电池组故障隐患。使用蓄电池在线智能监控系统后可以解决偏远地区蓄电池的维护和管理问题。

5.2.1.2 实现实时监控

使用蓄电池在线监测装置之后，能实时掌握蓄电池运行中的各项参数（如电压、电流、温度），及时查找落后单体，便于维护人员对其进行更换或调整，使蓄电池一直保持在最佳运行状况，从而减少停电时的危机。

5.2.1.3 提高系统可靠性

由于传统的蓄电池维护工作量比较繁重，所以只能定期进行测试和维护。一般情况下，每隔 2 年进行一次 80% 核对性容量试验，运行 6 年以后的蓄电池，每年进行一次核对性容量试验。但是，有些蓄电池容量到达退化区后就突然下降，因此只做定期的蓄电池维护是不够的。将蓄电池从定期维护提升到全天候维护，避免了维护中的盲点时间，可以提高直流系统的可靠性。此外，传统蓄电池维护，需要进行人工现场测试，在检测的过程中有时因误操作可能引起线路的短路，对系统的正常运行构成危险。使用蓄电池在线智能监控系统后可以减少因维护人员误操作而给系统带来的安全隐患。

5.2.1.4 延长使用寿命

使用蓄电池在线智能监控系统以后，能实时监控蓄电池的运行参数，维护人员能及时在后台调整参数，排除故障，使蓄电池运行在最佳状态，可以有效地延长蓄电池的运行寿命。

5.2.2 铅酸蓄电池在线监测技术现状

由于铅酸蓄电池的劣化是缓慢的长周期的老化积累过程，如何在线检测蓄电池的健康状态（Sate of Health，SOH）是蓄电池运维人员最为关心的问题。通过在线监测技术可以及时发现铅酸蓄电池的异常状态，从而降低由于铅酸蓄电池劣化引发的各种事故。在线监测技术依赖于对蓄电池性能的评测，通常采用对蓄电池的电压、电流、温度等数据进行测量，然后通过数据分析和跟踪比较来判断蓄电池的性能变化。但是，由于蓄电池是电能与化学能之间互相转换的复杂系统，所以大多情况下，分析比较上述的数据也不能真正掌握蓄电池的性能状态。目前国内外蓄电池在线监测技术的研究内容主要包括以下几个方面。

5.2.2.1 电压巡检技术

电压巡检就是对蓄电池组中的各个电池电压进行在线连续监测，以发现蓄电池电压的变化。电压巡检以蓄电池组中单电池电压为监测核心，辅以电池浮充电流信息、电池环境温度等，使这些参数始终保持在正常的数值范围内，一旦出现异常，监测就会报警。

蓄电池的浮充信息主要指蓄电池的浮充电压和浮充电流。当电池处于充满状态时，充电器不会停止充电，仍会提供恒定的浮充电压和很小浮充电流供给电池。因为，一旦充电器停止充电，电池会自然地释放电能，所以利用浮充的方式，平衡这种自然放电。作为后备电源，蓄电池在大多数情况下处于浮充状态。通过对浮充信息和端电压的连续监测，实现蓄电池实时在线监测的要求，并提高了监测的精度。

在浮充状态下，单电池电压监测只能发现个别性能差、浮充电压异常的电池，前瞻性和精确性较低，必须与放电试验结合才能有效地找到故障电池。监测单体电池放电时的电压变化是检测阀控式铅酸蓄电池故障的一种有效方法。单体电池放电时电压下降的速度与电池的"健康"状况有关，故障电池的电压下降得比正常电池快得多，据此可以检测出故障电池。这种方法检测结果准确，但同样必须与放电试验结合进行。更重要的是，这种试验必须在市电正常时带假负载或在有整流器支持的情况下带真负载放电。在市电停电时电池带真负载放电过程中，虽然也能检查出故障电池，但检查出故障电池时已对供电系统造成严重影响，失去了故障预测的意义。

电压巡检技术是蓄电池监测的第一代技术。虽然电压巡检可以解决以前较为困难的问题，它仍然是从一个单一的方面监测蓄电池，至于作为后备电源的蓄电池健康问题，不是电压巡检技术所能够解决的。

5.2.2.2 内阻在线监测

电压巡检在监测蓄电池性能方面有其先天的不足，而蓄电池容量由于目前技术的限制不能实现在线测量，内阻在线监测技术就成为替代技术，该技术方法虽然在蓄电池性能测量方面，没有容量测试技术精确，但还是能够及时发现蓄电池组劣化或落后的蓄电池单体，因此目前内阻在线监测技术已经成为公认的较为全面的监测技术。

电池的内阻已被公认为是一种迅速而又可靠的诊断电池健康状况的较为准确方法。据国际电信电源年会的研究成果显示，如果蓄电池的内阻超过正常值 25%，该容量已降低到其标称容量的 80% 左右；如果蓄电池内阻超过正常值的 50%，该蓄电池容量已降低到其标称容量的 80% 以下。美国 GNB 公司曾对容量为 200~1000Ah，电池组电压为 18~360V 的近 500 个 VRLA 蓄电池进行过测试，实验结果表明，蓄电池内阻与容量的相关性非常好，相关系数可以达到 88%。因此，他们提出对在线使用的电池，可以用测得的电导值去推测电池的荷电状态（State of Charge，SOC）。

（1）国内外对内阻、状态和容量的关系分析的结论如下：

1）阀控式蓄电池的内阻与其容量的关系不是线性的，不能直接用内阻数据来计算健康状态（State of Health，SOH），内阻不能同容量进行量化表达，只是性能的反映。

2）SOC 和 SOH 无疑影响电池内阻，劣化的蓄电池内阻都有很大的变化。

3）大容量电池的欧姆内阻很小，其变化幅度就更小，需要相当精度的测试手段。

4）部分电池的内阻变化明显，但此时的电池容量仍可能保持在良好水平。

5）如果阀控式蓄电池的内阻超过某个经验数据，这个电池就不能放出应有的容量，据此可以检查出故障电池。

6）蓄电池的监测应是对蓄电池的运行参数、内阻变化、电压监测等的综合参数监测，对内阻的变化率的监测是很有意义的。

7）新工艺蓄电池的性能、寿命明显低于老的蓄电池，更需要严格监测其运行参数。定期的核对性放电不可缺少。

VRLA 电池的电阻组成是复杂的，包含了电池的欧姆电阻、浓差极化电阻、电化学反应电阻及双层电容充电时的干扰作用。在不同的量测点和不同的时刻测得的电阻值包含的组成也是不同的。这给蓄电池的内阻测量带来了很大麻烦。

蓄电池在老化过程中，其故障状况会不同程度地反映在内阻上，且其内阻上升明显早于充电时浮充电压的提高，直到内阻上升至基准值 60% 以上时，浮充电压才有明显变化，而此时电池已经严重受损，因此内阻有很好的预测性，这对免维护铅酸蓄电池尤为重要。

（2）内阻实时在线监测的方法归为两类：直流放电法、交流注入法。

1）直流放电法。所谓直流放电法就是在电压巡检的基础上加上直流放电测量蓄电池的内阻。原理为将蓄电池处于静态或脱机状态，通过外部负载进行瞬间大电流放电，同时测量蓄电池的电压降，通过蓄电池电压降与放电电流的比值，得出蓄电池的内阻。

直流放电法的主要缺陷：

a. 必须在静态或脱机的状态下，才能实现直流法的测量，即无法真正实现蓄电池的在线测量，这样就不可避免地带来设备运行的安全隐患。

b. 大电流放电会对蓄电池造成一些损害，如果为监测蓄电池内阻而频繁进行大电流放电，对蓄电池的损害将会积累，从而影响蓄电池的容量及寿命。

c. 由于多出一个体积较大的负载存在，会造成现场安装的复杂及对设备布局的影响，影响日常维护的便捷性。此外，直流法的测量数据重复性较差，这也是制约其推广发展的瓶颈。

2）交流注入法。交流法相对直流法要简单，且精度较高，能达到微欧级水平。交流注入法通过对蓄电池注入一个恒定的交流电流信号 I_s，测量出蓄电池两端的电压响应信号 U_o 以及两者的相位差 θ，由阻抗公式 $Z = U_o/I_s$ 及 $R = Z\cos\theta$ 来确定蓄电池的内阻 R。该方法不需对蓄电池进行放电，不会对蓄电池的性能造成影响，可以安全实现蓄电池内阻的在线检测。在实际使用中，由于馈入信号的幅值有限，电池的内阻在微欧或毫欧级，因此，产生的电压变化幅值也在微伏级，信号容易受到干扰，尤其是在线测量时，会受到充电机或用电负载的影响。射频干扰也影响检波器的输出。

为了解决上述问题，在测量时采用四端子接线，在信号处理时采用锁相放大技术。锁相放大器不仅有选频放大功能，而且还有捕捉相位的功能，即"锁定"被测信号的相位与频率。因此噪声信号中只有与被测信号同频同相的部分才能混进来，噪声混入的概率就大大地减少，而且锁相放大器的等效噪声带的宽度正比于选频放大宽度，使噪声受到锁相放大器的强有力的抑制。利用锁相放大器可以分离提取比噪声信号小 $10^1 \sim 10^6$ 倍的极微弱光电信号。

相对于直流法而言，交流法测内阻能够实现真正意义上的在线监测，通过对蓄电池内阻的监测能够及时发现老化或失效电池。但也有一些研究表明，蓄电池内阻与剩余容量之间没有固定的数学关系，单独用内阻变化去预测剩余容量的多少是危险的，但把蓄电池内阻作为监测电池性能的重要指标是可行的。

在实际运行时，经常采用组合法，一方面监测蓄电池的电压、电流、温度等运行参数，另一方面可以通过内阻的监测及时发现蓄电池的健康程度，并综合多项参数对蓄电池的剩余容量进行预测。

5.3 铅酸蓄电池在线核容技术

目前铅酸蓄电池的在线核容技术，从检测技术上分主要有在线快速容量测试法、电导（内阻）测量法以及在线安时法等。

5.3.1 在线快速容量测试法（蓄电池容量分析仪）

近几年出现的蓄电池在线容量分析仪，厂家宣称对蓄电池放电 20min 即可预估其剩余容量，经过实践，发现其测试准确度较低。目前，用在线快速测试法可以较快地判定电池组中部分或者个别落后或劣化电池，但还不足以准确测定电池的好坏程度，包括电池的容量等指标，仅适宜作为一个定性测试的参考。原因是多方面的，其中有蓄电池的生产制造工艺的原因、有蓄电池电化学特性的原因、有蓄电池的实际使用与维护的原因、有实际测试条件的原因等。

在线快速容量测试法的优点是操作简单，风险系数小，并可以快速查找落后电池。不过最大的缺点还是测试精度低，只能作为电池落后状态判定依据，不能准确测算电池的好坏程度及电池容量指标。同时测试要求较高，如要达到一定的测试精度，则机房一般应满足包括放电因素在内的系列条件，而机房实际情况却各有差别，大多达不到相应的测试要求，因此，测试情况还不是很理想，尤其是容量测试准确度较低。

5.3.2 电导（内阻）测量法（电导测试仪）

国际电信电源年会报告的研究成果显示，如果蓄电池的内阻超过正常值 25%，该蓄电池容量已降低到其标称容量的 80% 左右；如果蓄电池内阻超过正常值的 50%，该蓄电池容量已降低到其标称容量的 80% 以下。然而也有研究表明：虽然单纯的用电阻是无法预测蓄电池剩余容量的，但容量的下降一定会引起内阻的增加。因此，可以通过检测蓄电池的内阻并结合其他一些数据来判断蓄电池的容量。

电导测量是向蓄电池两端加一个已知频率和振幅的交流电压信号，测量出与电压同相位的交流电流值，其交流电流分量与交流电压的比值即为电池的电导。电导是频率的函数，不同的测试频率下有不同的电导值，在低频率下，电池电导与电池容量相关性很好，一般测量频率在 30Hz 左右，对于不同容量的电池其测量频率一般会作相应调整，电池的容量越小，电池电阻越大，电导值越小。

电导测量法能准确查出完全失效的电池，根据大量的实验分析及研究结果证明，电池的容量只有降低到 50% 以后，内阻或者电导会有较大变化，降低到 40% 以后，会有明显变化，因此，根据电池电导值或者内阻值，可以在一定程度上确定电池的性能，但对于电池的好坏程度，还不能提供准确的数据依据。采用电导法测试电池的内阻或电导是判定蓄电池好坏的一种有价值的参考思路，但却不足以准确地测算出电池的实际性能指标，尤其是容量指标。

电导测量技术虽然测试工作比较简单，但是，由于内阻与容量是非线性的，所以，测试结果不能很好地反映蓄电池的真实健康状况。

5.3.3 在线安时法

近年来随着高频开关电源技术的进步，多数开关电源都具备了输出电压可以在一定范围内调整的功能。利用一些智能开关电源控制器自带测试软件，可对电池进行核对性放电。研究人员通过设定一个比较低的浮充电压，电池电压比整流器高，负载转为电池供电，电源内部有电池容量计算公式，可以计算实际放出容量。如果一些开关电源不具备这些功能，可以手动降低浮充电压进行测试，其原理相当于自动测试功能的手动操作。同时结合蓄电池监测模块，还可以及时、准确地对每只蓄电池的端电压和蓄电池组的总电压、总电流进行实时监测。以往对蓄电池进行核对性放电实验和容量实验时，需要每隔一定的时间手工测量并记录蓄电池单体电压、总电压和放电电流。实施集中监控后，可以利用集中监控系统实时测量并记录放电过程中蓄电池端电压的变化情况，并直观地绘出蓄电池的放电曲线。通过数据查询功能，可以对每只蓄电池的放电曲线进行单独分析，从而对蓄电池的放电性能作出评估。

5.3.4 建模法

蓄电池的建模方法可分为两大类，即物理建模和系统辨识与参数估计建模。随着科学技术的发展，灰色理论、神经网络、模糊控制也逐渐被用于蓄电池荷电状态的预测。对这三种方式进行建模并对比分析，结果表明：对 VRLA 蓄电池荷电状态的预测采用模糊控制的方法较为可行、精确，选用蓄电池放电电流（I）、电压（U）、温度（T）和内阻（R）作为模糊控制器的输入语言变量，蓄电池的剩余容量作为输出量，这样构成了一个四维模糊控制器。但用模糊控制的方法对 VRLA 蓄电池的荷电状态进行预测，还需进一步总结经验，完善模糊控制器的隶属度函数和规则，以达到更高的精度，更加符合实际中蓄电池荷电状态的变化趋势。同样，一旦建立起离线的模糊控制表，模糊逻辑推理控制的算法就变成了简单的查表法，程序运行简单快速。剩余容量便能实时显示在用户显示屏上。

铅酸蓄电池的理想在线核容技术实际上就是利用电池的在线监测系统，通过对蓄电池的单体电压、组压、内阻、电流、环境温度等数据的采集与实时监测，来实现对电池性能的评估，它与铅酸蓄电池的在线监测、健康状态（SOH）评估是相互关联、不可分割的。

5.4 铅酸蓄电池在线监测/核容/寿命预测系统实例

本书编者根据实际工作经验，对铅酸电池在线监测系统进行实例分析，以方便读者理解铅酸蓄电池在线监测系统。该系统可实时在线监测运行中的铅酸蓄电池组所有电池单体的数据参数，估算其健康状况，分析铅酸蓄电池组电池的一致性，及时发现铅酸蓄电池组中劣化或性能落后的单体电池，并报警提示更换，延长铅酸蓄电池组的运行寿命，使铅酸蓄电池寿命管理更具可预见性，减少运维工作量，提升变电站自动化、智能化程度。

5.4.1 系统架构

蓄电池在线监测系统主要包括电池监控系统（Battery Monitor System）、工控机、液晶显示器、电源适配器等。电池监控系统采用分布式架构，如图 5-2 所示，包括多个电池检测模块 BMU、电流测试模块 BIU 和主控制模块 BCU。其中电池检测模块 BMU 测量电池的电压、温度、内阻（包括直流内阻和交流内阻）等参数，并将所测的数据传递给主控模块 BCU。电流测试模块 BIU 监测电池组电流并将数据传送给主控模块 BCU。主控模块对BMU、BIU 传递过来的数据进行分析，实现与工控机的通信，并给电流测试模块 BIU 供电。

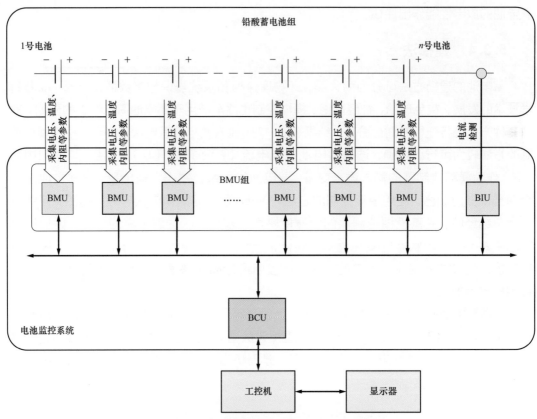

图 5-2　铅酸蓄电池在线监测管理系统图

工控机对采集的数据参数进行处理。通过对变电站用铅酸电池实际工况下的浮充电压、内阻、容量等历史寿命数据的拟合分析，建立变电站用铅酸电池的健康寿命模型。工控机基于该寿命模型，通过处理 BCU 模块发送的铅酸蓄电池实时数据，对蓄电池组的健康状况进行估算，判断其是否符合变电站常规运行标准，并将监测的铅酸电池信息发送到显示器上进行实时显示并存储。液晶显示器用于显示电池的实时数据参数：包括电池容量、电压、温度、内阻、内阻变化率并直观地显示出所监控电池的实际健康状态。

该在线监测系统的工作流程如下：

（1）每一个电池单体上连接有一个电池检测模块 BMU，测量电池的电压、温度、内阻（包括直流内阻和交流内阻）等参数，BMU 模块通过 R-BUS 总线与 BCU 通信，将监测的数据发送给 BCU，各 BMU 模块由电池直接供电。

（2）电流测试模块 BIU 连接霍尔电流传感器，实时监测铅酸电池充放电电流，并经总线通信端口将数据发送给 BCU。该 BIU 模块的供电电源由 BCU 模块提供。

（3）BMU、BIU 模块将采集的电池单体电压、温度、内阻和电流等数据发送给 BCU 模块。由于 BCU 模块与上位机是通过 R232 总线进行通信的，所以 BCU 模块对传递来的数据先进行数据协议转换处理，再将转换后的数据发送至工控机，与工控机进行直接通信。在基于历史数据拟合出的铅酸电池健康寿命模型基础上，工控机处理 BCU 模块发送的铅酸电池实时电压、温度、内阻和电流等参数，拟合出单体电池内阻变化率等曲线，由此计算铅酸电池 SOH 值，并结合参数的异常信息综合判断电池的健康状况。当发现健康状况出现问题的电池，立即报警。

（4）工控机将铅酸电池实时电压、温度、内阻、电流、内阻变化率等信息进行存储，并通过上位机进行实时显示。上位机系统实现系统设置、监测管理、报表系统和用户权限等功能。其中，在系统设置界面，可预设告警级别；在监测管理界面，可实时显示铅酸电池单体及电池组监测数据并拟合单体电压、内阻、温度以及电池组电压、电流等参数曲线图；在报表系统界面，可查询并导出铅酸电池单体的电压、内阻、SOH 以及铅酸电池组的组电压、电流等历史数据。

5.4.2 系统功能

该蓄电池在线监测系统具有以下功能：

5.4.2.1 实时监测功能

打开软件→监测管理→实时监测，进入实时监测界面，如图 5-3 所示。

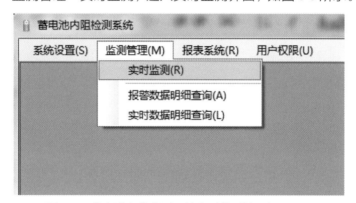

图 5-3 蓄电池在线监测系统实时监测管理打开界面

实时监测界面如图 5-4 所示。

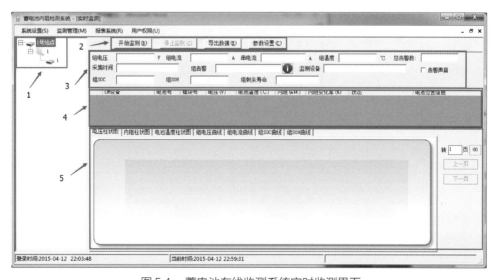

图 5-4 蓄电池在线监测系统实时监测界面

图 5-4 中 1 为蓄电池检测软件当前监测的所有设备，点击可切换查看不同电池组数据。

图 5-4 中 2 为开始监测、停止监测、导出数据、参数设置等功能按钮。

图 5-4 中 3 为当前监测的电池组的总体信息。

图 5-4 中 4 为实时数据显示框，有当前监控的电池各项数据。

图 5-4 中 5 为实时数据的柱状图，能更加直观地看出每节电池的差异。

5.4.2.2　报警数据明细查询功能

打开软件→监测管理→报警数据明细查询，进入报警数据明细查询。报警数据明细查询打开界面如图 5-5 所示。

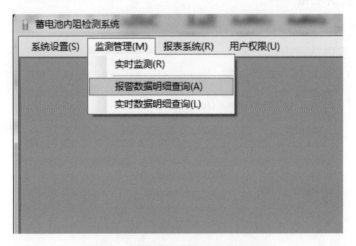

图 5-5　报警数据明细查询打开界面

报警数据明细查询界面如图 5-6 所示。

图 5-6　报警数据明细查询界面

（1）厂站：选择需要查询报警数据明细的厂站。

（2）CM 设备：选择该厂站下需要查询的监控设备。

（3）电池组：选择该监控设备下的电池组，可以选所有，点查询时有告警的电池都会显示在下面白框内。

（4）报警状态：可选择已结束和未结束。

（5）报警类型：选择要查看的报警类型，可选择所有类型。

（6）电池号：可单独选择一节电池的报警明细，也可选择所有电池一起查看。

点击查询后可以在界面看到数据，点击导出可将数据导出成 Excel 表格。

5.4.2.3 实时数据明细查询功能

打开软件→监测管理→实时数据明细查询，进入实时监测界面。

实时数据明细查询打开界面如图 5-7 所示。

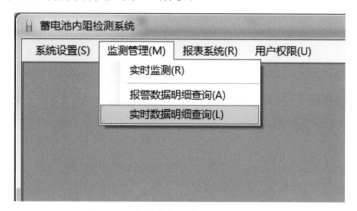

图 5-7 实时数据明细查询打开界面

实时数据明细查询界面如图 5-8 所示。

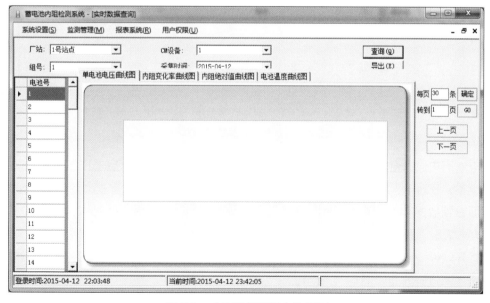

图 5-8 实时数据明细查询界面

点击查询后可以在界面看到数据，点击导出可将数据导出成 Excel 表格。

5.4.2.4　蓄电池历史数据查询功能

打开软件→监测管理→电池历史数据查询，进入蓄电池历史数据查询。蓄电池历史数据查询打开界面如图 5-9 所示。

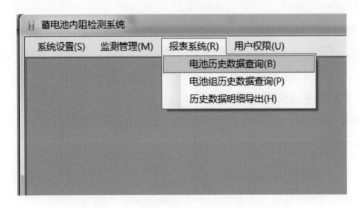

图 5-9　蓄电池历史数据查询打开界面

蓄电池历史数据查询界面如图 5-10 所示。

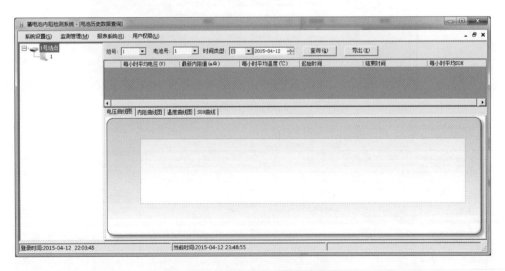

图 5-10　蓄电池历史数据查询界面

电池历史数据查询时，选中左边白框中需要查询的监控设备，后选择组号和电池号，时间类型，分为年、月、日，可选择要查询年数据还是月数据和日数据。点击查询后可以在界面看到数据，点击导出可将数据导出成 Excel 表格。

5.4.2.5　蓄电池组历史数据查询功能

打开软件→监测管理→电池组历史数据查询，进入电池组历史数据查询。电池组历史数据查询打开界面如图 5-11 所示。

电池组历史数据查询界面如图 5-12 所示。

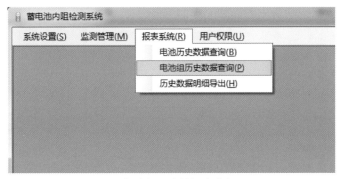

图 5-11　电池组历史数据查询打开界面

图 5-12　电池组历史数据查询界面

电池组历史数据查询时，选中左边白框中需要查询的监控设备，后选择时间类型，分为年、月、日，可选择要查询年数据还是月数据和日数据。点击查询后可以在界面看到数据，点击导出可将数据导出成 Excel 表格。

5.4.2.6　历史数据明细导出

打开软件→监测管理→历史数据明细导出，进入电池组历史数据明细导出。电池组历史数据明细导出打开界面如图 5-13 所示。

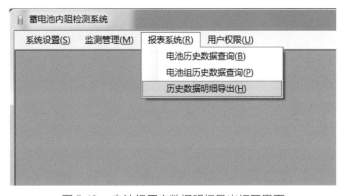

图 5-13　电池组历史数据明细导出打开界面

电池组历史数据明细导出界面如图 5-14 所示。

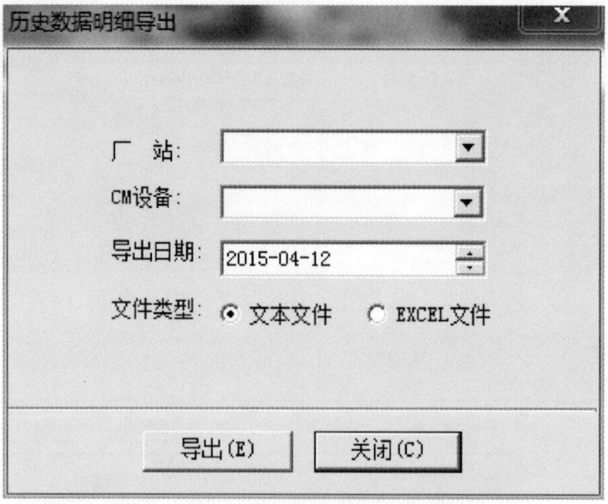

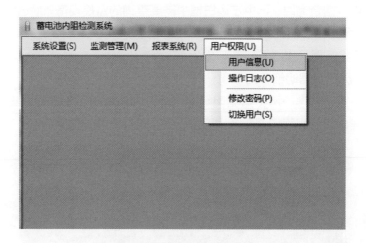

图 5-14　电池组历史数据明细导出界面

选择好厂站和 CM 设备及需要导出的日期，然后根据需要选择导出文件的格式，文本文件类型内存占用少，导出速度快，Excel 文件格式数据看上去更直观，但占用内存大，导出时间，设置好后，点击导出即可。

5. 4. 2. 7　用户信息

打开软件→用户权限→用户信息，进入用户信息。用户信息打开界面如图 5-15 所示。

图 5-15　用户信息打开界面

点击用户信息，进入用户信息详细设置界面，新安装的软件是没有用户在里面的，须根据用户需求设定。进入界面后可以看到新增、修改、删除、权限 4 个选择按钮。 用户信息详细设置界面如图 5-16 所示。

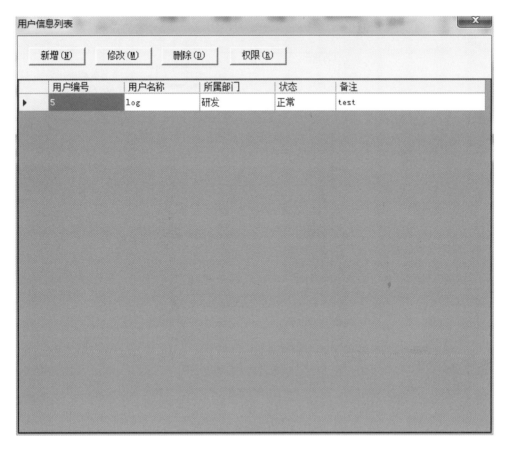

图 5-16　用户信息详细设置界面

说明：

（1）新增：可以新增多个管理员用户，可根据用户的实际情况来设定里面的信息，信息录入完成后记得保存。

（2）修改：用户可根据实际情况来将已经新增的用户信息，重新修改，例如修改密码，修改好后点击保存。

（3）删除：用户可以将不需要的用户删除掉，在用户信息主界面上选中用户条，点击删除即可。

（4）权限：用户可以给不同的用户分配不同等级的软件操作权限，首先用户须在用户信息主界面选中需要配置的用户编号，后点击权限，进入权限配置界面，如图 5-17 所示。

5.4.2.8　操作日志

打开软件→用户权限→操作日志，进入操作日志，如图 5-18 所示。

进入操作日志后，用户可以查询不同日期，不同用户对软件进行的操作，详情见图 5-19。

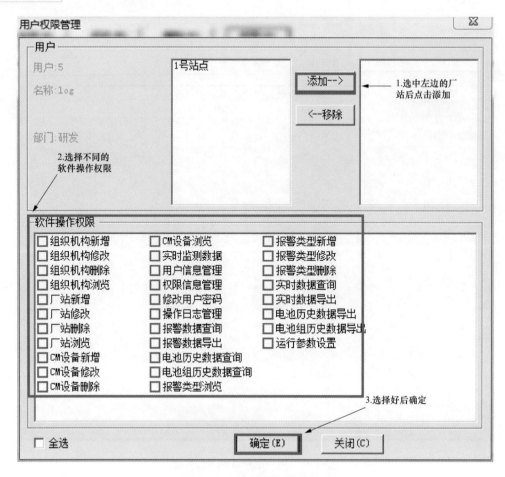

图 5-17 用户权限配置界面

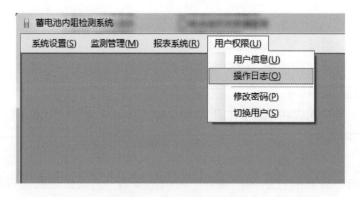

图 5-18 操作日志打开界面

5.4.2.9 修改密码

打开软件→用户权限→修改密码,进入修改密码。修改密码打开界面如图 5-20 所示。

进入修改密码后,可以修改密码,详情见图 5-21。

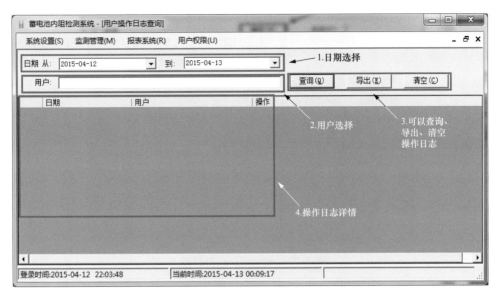

图 5-19　操作日志管理界面

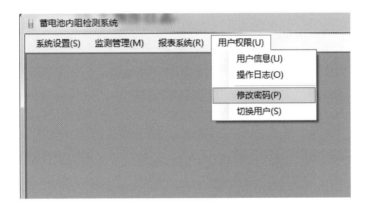

图 5-20　修改密码打开界面

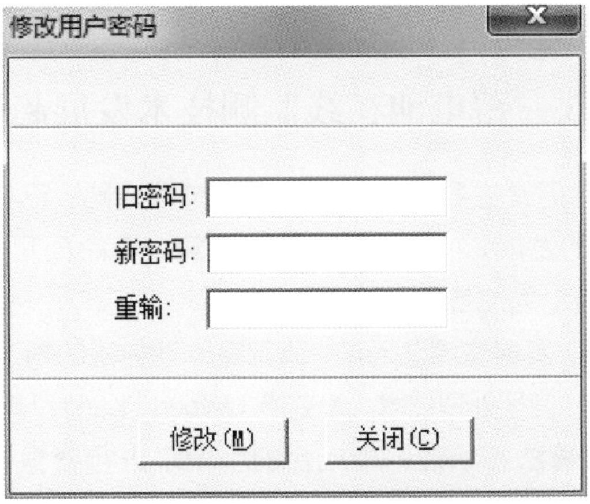

图 5-21　修改密码界面

5.4.2.10 切换用户

打开软件→用户权限→切换用户，进入切换用户。切换用户打开界面如图5-22所示。

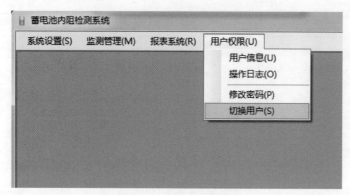

图5-22 切换用户打开界面

进入切换用户后，可以切换不同用户。用户只需在用户号里填写需要切换的用户号，姓名、部门在点击密码填写框后将自动显示出来，输入密码即可切换。详情见图5-23。

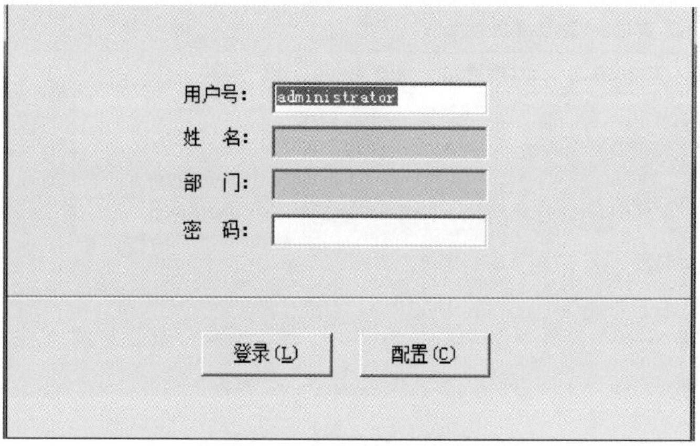

图5-23 切换用户界面

5.5 蓄电池在线监测技术发展趋势

目前，VRLA蓄电池仍是主要的后备能源，且技术成熟，已被广泛地应用于各个行业。随着在线监测技术的发展，内阻监测、容量估算、寿命预测必将以实时、快速、高效、准确、智能化为目标。为此应从以下方面努力：

（1）保证检测精度，发展交流注入法，确保蓄电池内阻的精确在线预测。

（2）采用精度更高的信号处理技术，如变换（Hilbert-Huang，HHTE）潮时频分析方法。

（3）采用多种智能算法和新理论相结合的手段来进行容量预测，如模糊控制程序化，实现实时在线测量蓄电池容量。

（4）努力实现蓄电池组的在线监控智能化、网络化。

铅酸蓄电池
寿命评估及延寿技术

铅酸蓄电池检测技术

作为站用直流电源，蓄电池的质量直接影响到变电站的安全运行。近年来发生的多起变电站全站失压事故都是由于蓄电池失效，不能及时投入自动控制装置、保护装置造成的。而这背后暴露的蓄电池质量问题也引起了多方的关注。由于铅酸蓄电池制造门槛低，市场上蓄电池产品鱼龙混杂，质量参差不齐。虽然 GB/T 19638.1—2014 从结构、安全性、使用性、耐久性 4 个方面对蓄电池单体提出了技术要求，但仍然有不完善的地方。比如容量性能试验，GB/T 19638.1—2014 中要求："蓄电池按 6.5.4 试验时，10h 率容量在第一次循环时应不低于 $0.95C_{10}$，在第 3 次循环内应达到 C_{10}；3h 率容量应达到 C_3；1h 率容量应达到 C_1。"图 6-1 所示为根据 GB/T 19638.1—2014 进行的蓄电池容量性能中测得的 2 组蓄电池的电压-容量曲线。显而易见，图 6-1（a）所对应的蓄电池一致性较好，制造商工艺水平较高，产品的预期寿命比较长；而图 6-1（b）所对应的蓄电池电压平台和容量的一致性都很差。由于到货抽检、现场试验往往时间较紧，来不及进行耐久性试验。如果只参考容量性能试验，这 2 款蓄电池都是合格的，并不能如实反映出蓄电池的真实产品质量。

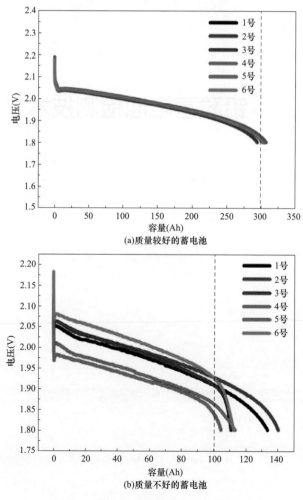

(a)质量较好的蓄电池

(b)质量不好的蓄电池

图 6-1　蓄电池容量性能电压-容量曲线

此外，当加大蓄电池硫酸电解液密度时，可以提高蓄电池的电动势及电解液向极板内活性物质的渗透能力，并减少电解液的内阻，使蓄电池容量增加。基于此，有些不良制造商会偷工减料，通过提高酸密度来使蓄电池初始容量达标。而过高浓度的硫酸会加速对蓄电池隔膜板栅等部件的腐蚀，缩短蓄电池的使用寿命。这种缺陷也是根据现有标准难以发现的。

因此，针对电网用阀控式密封铅酸蓄电池的一些特点，并结合到货抽检、现场交接试验的时间、场地和设备限制，有必要在 GB/T 19638.1—2014 的基础上，对电网用固定型阀控式铅酸蓄电池作出特殊规定，将蓄电池的检测和评价延伸到关键材料和成组工艺，能够更科学、准确、高效地对入网的蓄电池产品质量进行管控，以满足电力行业的实际需要。

6.1　铅酸蓄电池的标准

6.1.1　国家标准

有关铅酸蓄电池检测的国家标准如下：

（1）GB/T 19638.1—2014《固定型阀控式铅酸蓄电池　第 1 部分：技术条件》。

（2）GB/T 19638.2—2014《固定型阀控式铅酸蓄电池　第 2 部分：产品品种和规格》。

（3）GB/T 19639.1—2014《通用阀控式铅酸蓄电池　第 1 部分：技术条件》。

（4）GB/T 19639.2—2014《通用阀控式铅酸蓄电池　第 2 部分：规格型号》。

（5）GB/T 13337.1—2011《固定型排气式铅酸蓄电池　第 1 部分：技术条件》。

（6）GB/T 13337.2—2011《固定型排气式铅酸蓄电池　第 2 部分：规格及尺寸》。

（7）GB/T 5008.1—2013《起动用铅酸蓄电池　第 1 部分：技术条件和试验方法》。

（8）GB/T 5008.2—2013《起动用铅酸蓄电池　第 2 部分：产品品种规格和端子尺寸、标记》。

（9）GB/T 22473—2008《储能用铅酸蓄电池》。

（10）GB/T 13281—2008《铁路客车用铅酸蓄电池》。

（11）GB 50172—2012《电气装置安装工程　蓄电池施工及验收规范》。

（12）GB/T 23636—2017《铅酸蓄电池用极板》。

（13）GB/T 28535—2012《铅酸蓄电池隔板》。

（14）GB/T 23754—2009《铅酸蓄电池槽》。

6.1.2　行业标准

有关铅酸蓄电池检测的行业标准如下：

（1）DL/T 637—1997《阀控式密封铅酸蓄电池订货技术条件》。

（2）YD/T 799—2010《通信用阀控式密封铅酸蓄电池》。

（3）YD/T 1360—2005《通信用阀控式密封胶体蓄电池》。

（4）NB/T 20028.1—2010《核电厂用蓄电池　第1部分：容量确定》。

（5）NB/T 20028.2—2010《核电厂用蓄电池　第2部分：安装设计和安装准则》。

（6）NB/T 20028.4—2010《核电厂用蓄电池　第4部分：维护、试验和更换方法》。

（7）QC/T 742—2006《电动汽车用铅酸蓄电池》。

（8）HG/T 2692—2007《蓄电池用硫酸》。

6.1.3　团体标准

有关铅酸蓄电池检测的团体标准如下：

T/CEC 131.2—2016《铅酸蓄电池二次利用　第2部分：电池评价分级及成组技术规范》。

6.2　铅酸蓄电池检测标准比较

变电站、换流站、发电厂及其他电力设施直流电源设备中以浮充方式应用的阀控密封式铅酸蓄电池的检测和评价主要可以参考 GB/T 19638.1—2014 和 DL/T 637—1997。2个标准中检测项目的重要差异如表6-1所示，部分项目虽然名称不同，但实质上是同一项目。

表6-1　　GB/T 19638.1—2014 和 DL/T 637—1997 中检测项目的主要异同对照表

序号	试验项目	GB/T 19638.1—2014	DL/T 637—1997	备注
1	外观、质量（外观检查）	蓄电池外观不应有裂纹、污迹及明显变形	蓄电池外观不应有裂纹、变形及污迹	基本一致
2	外形尺寸（蓄电池结构）	蓄电池外形尺寸应符合 GB/T 19638.2—2014	正、负极端子应便于用螺栓连接，其极性、端子外形尺寸应符合厂家产品图样	基本一致
3	极性	蓄电池的正、负极端子及极性应有明显标记，便于连接	用反极仪或能判断蓄电池极性的仪器检查蓄电池极性。蓄电池极性应与极性标志一致	基本一致
4	密封性（气密性）	通过蓄电池安全阀的孔内充入（或抽出）气体，当内压力（或负压力）为50kPa时，压力计指针应稳定3~5s，蓄电池不破裂、不开胶，压力释放后壳体无残余变形	通过安全阀向蓄电池内充气或抽气，当内外压差为50kPa时压力指针应稳定3~5s，压力释放后蓄电池壳体应无变形、无破裂或开胶	基本一致

续表

序号	试验项目	GB/T 19638.1—2014	DL/T 637—1997	备注
5	气体析出量	蓄电池完全充电后，在 20～25℃环境中，以浮充电压 $U_{flo} \pm 0.1V$ 充电 72h±1h，保持浮充状态收集气体 168h±0.1h，记录并计算气体量 V_n；计算气体析出量 G_e。 将电压提高到 2.40V±0.01V 充电 24h，开始收集气体并保持 48h±1h，记录并计算气体量 V_n；计算气体析出量 G'_e。 单体蓄电池平均每安时·小时对外释放的气体量在标准状态下应符合： 在 20℃及 U_{flo} 浮充条件下：$G_e \leq 0.04mL/（Ah·h）$； 在 20℃及 2.40V 充电条件下：$G'_e \leq 1.70mL/（Ah·h）$	无	该项目耗时较长，超过 13 天
6	耐高电流能力（大电流放电）	蓄电池完全充电后，以 $30I_{10}$ 电流放电 3min，端子、极柱及汇流排不应熔化或熔断；槽、盖不应熔化或变形	蓄电池完全充电后，以 $30I_{10}$ 电流放电 1min，极柱不应熔断，其外观不得出现异常	GB/T 19638.1—2014 规定的放电时间更长，要求更严格
7	短路电流与直流内阻（内阻值）	蓄电池完全充电后，按两点法进行试验，第 1 点以 $4I_{10}$ 的电流进行放电 20s，第 2 点以 $20I_{10}$ 的电流进行放电 5s，试验结果仅供参考	蓄电池完全充电后，按两点法进行试验，第 1 点以 $4～6I_{10}$ 的电流进行放电 20s，第 2 点以 $20～40I_{10}$ 的电流进行放电 5s，要求制造厂提供值与实际测试内阻值一致，允许偏差范围为 ±10%	名称不同，方法相同，均未作具体数值要求
8	防爆能力（防爆性能）	以 $0.5I_{10}$（A）电流对完全充电状态的蓄电池进行过充电 1h，保持过充电状态下，在蓄电池排气孔附近，用直流 24V 电源熔断 1～3A 熔丝（熔丝距排气孔 2～4mm）反复试验 2 次，蓄电池内部不应发生燃烧或爆炸	以 $0.5I_{10}$（A）电流对完全充电状态的蓄电池进行过充电，1h 后在蓄电池安全阀附近用 24V 直流电源熔断 1A 的熔丝产生火花（熔丝距排气孔 2～4mm），重复试验 2 次，蓄电池不应发生内部爆炸	名称不同，方法和要求基本一致
9	防酸雾能力	完全充电的蓄电池用 $0.5I_{10}$（A）的电流，继续充电 2h 后，开始收集气体 2h 进行化验，充电电量每 1Ah 析出的酸雾量应 ≤0.025mg	无	
10	安全阀（安全阀动作）	开阀压：1～49kPa； 闭阀压：1～49kPa	开阀压：10～49kPa； 闭阀压：1～10kPa	DL/T 637—1997 规定更严格
11	耐接地短路能力	蓄电池在浮充状态下，在其一个端子与接地的金属铅带间施加 110V±10V 直流电压，试验 30 天，蓄电池不应有腐蚀、烧灼迹象及槽盖的碳化	无	耗时 30 天

序号	试验项目	GB/T 19638.1—2014	DL/T 637—1997	备注
12	材料的阻燃能力	蓄电池槽、盖阻燃试验按GB/T 2408—2008第7章的方法进行取样制备，水平法按GB/T 2408—2008第8章进行，垂直法按GB/T 2408—2008第9章进行。蓄电池槽、盖应符合GB/T 2408—2008中的8.4.1HB（水平级）和9.4V-0（垂直级）的要求	无	
13	抗机械破损能力	完全充电的蓄电池以规定高度向坚固、平滑的水泥地面上以正立状态自由跌落两次，蓄电池不应有破损及泄漏。≤50kg的蓄电池跌落高度为100mm；大于50kg小于或等于100kg的蓄电池跌落高度为50mm；大于100kg的蓄电池跌落高度为25mm	无	
14	端电压的均衡性（开路电压，浮充蓄电池组运行电压偏差值）	开路端电压差值 $\Delta U \leq 20\text{mV}$（2V电池）；$\Delta U \leq 50\text{mV}$（6V电池）；$\Delta U \leq 100\text{mV}$（12V电池）；浮充状态24h端电压 $\Delta U \leq 90\text{mV}$（2V，不超过24只电池）；$\Delta U \leq 200\text{mV}$（2V，超过24只电池）；$\Delta U \leq 240\text{mV}$（6V）；$\Delta U \leq 480\text{mV}$（12V）；放电过程中端电压差值 $\Delta U \leq 0.20\text{V}$（2V电池）；$\Delta U \leq 0.35\text{V}$（6V电池）；$\Delta U \leq 0.60\text{V}$（12V电池）	开路：$\Delta U \leq 30\text{mV}$（2V电池）；$\Delta U \leq 40\text{mV}$（6V电池）；$\Delta U \leq 60\text{mV}$（12V电池）；浮充：$\Delta U \leq 50\text{mV}$（2V电池）；300mV（12V电池）	GB/T 19638.1—2014和DL/T 637—1997各自在部分参数更严格；整体来看GB/T 19638.1—2014增加了放电过程端电压，更严格一些。DL/T 637—1997中浮充试验是现场试验，时间需要3~6个月
15	容量性能（蓄电池组容量）	10h率容量在第一次循环时应不低于$0.95C_{10}$，在第3次循环应达到C_{10}；3h率容量应达到C_3；1h率容量应达到C_1	蓄电池组完全充电后，静置1~24h，在5~35℃环境温度进行试验。要求10h率容量在第一次循环时应不低于$0.95C_{10}$，在第5次循环应达到C_{10}	GB/T 19638.1—2014是对单体蓄电池进行试验，DL/T 637—1997是对蓄电池组进行试验；GB/T 19638.1—2014要求进行10h、3h和1h率容量试验，DL/T 637—1997只要求10h和1h率容量试验；GB/T 19638.1—2014要求3次内达到额定容量，DL/T 637—1997规定的是5次

序号	试验项目	GB/T 19638.1—2014	DL/T 637—1997	备注
16	单格间的连接性能（连接条压降）	蓄电池完全充电后在 20~25℃ 环境中按照厂家规定的扭矩进行连接条的紧固连接。以 $I_{0.25}$ A 电流连续放电至单体蓄电池平均电压为 1.60V 时终止，放电期间每隔 3min 测记一次连接条的温度，并做好记录。放电过程连接条的表面温度应≤80℃	蓄电池按 $3I_{10}$ 电流放电时，在蓄电池极柱根部测量两蓄电池之间的连接条，压降应≤8mV	虽然 GB/T 19638.1—2014 考核的是温度上升，DL/T 637—1997 考核的是电压降，但本质上都是考核连接条及其与极柱的连接阻抗。GB/T 19638.1—2014 要求按规定扭矩进行紧固更科学，但实际上连接条表面温度将很大程度受到试验环境空气对流速度的影响，GB/T 19638.1—2014 不严谨
17	荷电保持性能（荷电保持能力）	蓄电池完全充电后，在 20~25℃ 的环境中开路静置 180d，每天记录蓄电池端电压及表面温度，静置 180d 后不经再充电进行 3h 率容量试验，得出静置后的实际容量 C_b（25℃），与静置前的实际容量 C_a（25℃）相比，计算荷电保持能力 $R=C_b/C_a$，要求 $R\geq73\%$	10h 率容量试验合格后将蓄电池完全充电（10h 率实际容量 C_e），在 5~35℃ 的环境中静置 90d，不经补充电立即进行 10h 率容量试验，得到 C_e'。计算荷电保持能力 $R=C_e'/C_e$，要求 $R\geq80\%$	GB/T 19638.1—2014 修改为 3h 率容量，静置 180d；DL/T 637—1997 为 10h 率容量，静置 90d。从实际仓储的角度来看，以半满电状态静置更贴近实际情况
18	再充电性能	分别以浮充电压限流 $2.0I_{10}$ 进行再充电 24h 和 168h，电池的再充电能力因素应满足：24h 再充电能力因素 $R_{bf24h}\geq85\%$；168h 再充电能力因素 $R_{bf168h}\geq100\%$	无	该项目耗时较长，超过 10 天
19	充放循环耐久性	蓄电池完全充电后以 $2.0I_{10}$（A）恒定电流放电 2h，以 U_{flo}（V）恒压［限流 $2.0I_{10}$（A）］充电 22h 进行连续放充循环，每 50 次循环后进行 10h 率核容试验，直至 10h 率核容放电容量低于 $0.80C_{10}$。要求充放电循环次数应不低于 300 次	无	耗时很长，对于变电站用直流电源这一类长期浮充、很少放电应用工况的蓄电池意义不大

序号	试验项目	GB/T 19638.1—2014	DL/T 637—1997	备注
20	40℃浮充耐久性	蓄电池完全充电后在40℃±2℃的环境中以U_{flo}（V）恒压连续充电120天，在浮充状态下冷却到25℃±2℃，然后进行3h率容量放电试验，放电容量不低于$0.8C_3$时，循环进行下一次120天浮充电；连续2次3h试验容量低于$0.8C_3$时，试验结束。要求浮充循环时间应不低于600天		耗时很长
21	60℃浮充耐久性	蓄电池完全充电后在60℃±2℃的环境中以U_{flo}（V）恒压连续充电30天，在浮充状态下冷却到25℃±2℃，然后进行3h率容量放电试验，放电容量不低于$0.8C_3$时，循环进行下一次30天浮充电；连续2次3h试验容量低于$0.8C_3$时，试验结束。要求浮充循环时间应不低于180天		耗时很长
22	热失控敏感性	蓄电池完全充电后在20~25℃以2.45V±0.1V的恒定电压（不限流）连续充电168h，任一24h之内电流增长率ΔI大于50%和温度值大于60℃时，认为蓄电池存在热失控条件	无	耗时较长，属于重要的试验项目
23	低温敏感性	蓄电池完全充电后，以I_{10}放电至单体蓄电池平均电压为1.80V终止，不经再充电置于−18℃±2℃下静置72h±1h，取出后在室温下开路静置24h，然后在20~25℃环境中以U_{flo}电压（限流$2I_{10}$）连续充电168h，进行3h率容量试验，将实测容量C_a修正至25℃的容量。蓄电池3h率容量应≥$0.80C_3$，外观不应有破裂、过度膨胀及槽、盖分离	无	该项目耗时较长，超过12天；华南等地区气候暖和，可以作为选做项目
24	密封反应效率	无	完全充电的蓄电池以$0.1I_{10}$连续充电96h，再以$0.05I_{10}$连续充电1h，连续收集气体1h，计算密封反应效率应不低于95%	可替换国标中的"气体析出量"
25	事故冲击放电能力	无	220V蓄电池组，以$1I_{10}$（12V电池用$2I_{10}$）放电1h后，在$1I_{10}$上叠加$8I_{10}$（$22I_{10}$）冲击放电0.5s，蓄电池组端电压不得低于202V	标准中需要组成220V的蓄电池组进行试验。其实可将电池组数量和电压按比例减小进行试验
26	耐过充电能力	2014版已删除	蓄电池用$0.3I_{10}$电流连续充电160h后，其外观应无明显变形及渗液	耗时很长，破坏性试验

序号	试验项目	GB/T 19638.1—2014	DL/T 637—1997	备注
27	过充电寿命	2014版已删除	完全充电的蓄电池以 $0.2I_{10}$ 电流连续充电，每隔30天进行一次1h率容量试验，至1h容量低于额定容量的80%时结束。2V蓄电池寿命不低于210天，6V以上蓄电池不低于180天	耗时很长
28	封口剂性能	无	蓄电池在−30℃±3℃保持6h，在−5℃取出，封口剂无裂纹，槽盖之间无分离现象。蓄电池在65℃±2℃保持6h，封口剂应不溢流	南网辖区范围内气候暖和，−30℃低温测试必要性不充分
29	放电特性曲线	无	在规定范围内均匀选取6点进行冲击放电，所得放电曲线应符合厂家提供的特性曲线	"符合"两字较笼统，判断上存在主观性

6.3 铅酸蓄电池检测与质量评价方法

作者根据多年蓄电池检测经验，紧扣 VRLA 电池在站用直流电源的应用实际，客观反映蓄电池的真实技术水平和技术性能，提出了一套蓄电池检测与质量评价方法，在参考 GB/T 19638.1—2014 技术要求的基础上，从单体电池性能延伸到蓄电池关键材料和成组工艺，对外观与结构、电池材料、单体蓄电池、蓄电池成组性能 4 个部分分别提出了技术要求和试验方法，并制定了型式试验、出厂试验、到货抽检的检验规则，能够更科学、准确、快速地评价蓄电池质量，有助于电网企业加强蓄电池入网质量管控，同时也促进蓄电池行业的有序竞争。

6.3.1 外观与结构

6.3.1.1 外观

（1）技术要求：蓄电池外观不得有裂纹、污迹及明显变形，标志要清晰。

（2）试验方法：用目视检查蓄电池外观，有不合格的应拍照记录。

6.3.1.2 结构

（1）技术要求：

1）蓄电池由正极板、负极板、隔板、槽、盖、硫酸（或胶体）电解质、端子、安全阀等组成；蓄电池槽与蓄电池盖之间应密封，使蓄电池内部产生的气体不得从安全阀以外处排出。

2）蓄电池的正、负极端子应有明显标记，且便于连接。端子尺寸应符合制造商产品图样。

3）蓄电池外形尺寸应符合制造商产品图样和 GB/T 19638.1—2014 的要求。

4）极板边框顶部与汇流排之间应有一定距离高度，以避免极板或汇流排因腐蚀形变而导致其与汇流排接触短路。容量不大于 1000Ah 的蓄电池极板边框顶部与汇流排之间的距离应不小于 12mm；容量大于 1000Ah 电池极板边框顶部与汇流排距离应不小于 15mm。

5）正极板下边框距离蓄电池槽下板距离应不小于 6mm。

（2）试验方法：

1）用符合精度的量具测量蓄电池外形尺寸。

2）沿着封口线剖开蓄电池，检查蓄电池内部结构。采用游标卡尺测量极板顶部与汇流排之间的距离和正极板下边框距离蓄电池槽下板距离。

6.3.2 电池材料

6.3.2.1 硫酸

（1）技术要求：在 25℃±2℃环境下，完全充电状态下的蓄电池中的硫酸电解质的密度应为 1.25～1.29g/cm³。

（2）试验方法：在 25℃±2℃环境下，蓄电池完全充电后，沿着封口线剖开，取出电池内部隔板，挤压或离心方式使得隔板内酸液流出，收集酸液（大于 50 mL）。

过滤硫酸溶液中的杂质，采用密度法测试硫酸溶液密度。

6.3.2.2 板极和板栅

（1）技术要求：完全充电的蓄电池中的板栅和极板应满足表 6-2 的技术要求。

表 6-2　　　　　　　　　　　蓄电池中的板栅和极板的技术要求

序号	项目		单位	技术要求
1	正极板栅	投铅量≥	g/Ah	12
2	正极板	贫液式蓄电池正极板厚度≥	mm	4.0
3		板胶蓄电池正极板厚度≥	mm	4.0
4		管胶蓄电池正极板厚度≥	mm	8.5

（2）试验方法：蓄电池完全充电后，沿着封口线剖开，沿着汇流排和极耳接触面切断汇流排和极板连接，取出电池内部正负极板，用去离子水洗涤后干燥。正极板可采用普通干燥，负极板需要采用真空干燥。

用游标卡尺测量正极板厚度。

正极投铅量测试：通过电池额定容量及正极板数量，计算单片极板容量 C_P。取 1 片干燥后的正极板，除去极板上的铅膏，洗涤干燥，称重得到正极板栅重量 m_P，正极投铅量为 m_P/C_P，单位为 g/Ah。

6.3.2.3 汇流排

（1）技术要求：蓄电池的汇流排应使用铅锡合金，最小截面积大于或等于 120mm²。

（2）试验方法：蓄电池完全充电后，沿着封口线剖开，沿着汇流排和极耳接触面切断汇流排和极板连接，取出电池汇流排，用去离子水洗涤干燥。采用游标卡尺测试量汇流排宽度（W）与厚度（H），计算最小截面积为 $W \times H$。

6.3.2.4 电池槽、盖

（1）技术要求：蓄电池的槽和盖应使用阻燃材料。蓄电池槽、盖应符合 GB/T 2408—2008《塑料 燃烧性能的测定 水平法和垂直法》中的 8.4.1HB（水平级）和 9.4V-0（垂直级）的要求。

（2）试验方法：蓄电池槽、盖阻燃试验按 GB/T 2408—2008 第 7 章的方法进行取样制备，水平法按 GB/T 2408—2008 第 8 章进行，垂直法按 GB/T 2408 第 9 章进行。

6.3.2.5 连接条

（1）技术要求：蓄电池完全充电后在 20～25℃环境中按照厂家规定的扭矩进行连接条的紧固连接。相邻两只蓄电池之间连接条的电压降 $3I_{10}$ 时应不超过 8mV。

（2）试验方法：经容量试验达到额定容量值的蓄电池完全充电后，在 25℃±5℃ 的环境中按照厂家规定的扭矩进行连接条的紧固连接。

以按 $3I_{10}$ 电流放电时，测量相邻两只蓄电池之间的连接条电压降（在蓄电池的极柱根部测量，电池间距不小于 10mm）。

6.3.3 单体蓄电池性能

6.3.3.1 质量

（1）技术要求：蓄电池质量应符合 GB/T 19638.1—2014 中附录 A 的上、下限要求。

（2）试验方法：用符合精度的磅秤称量蓄电池的质量。

6.3.3.2 密封性

（1）技术要求：蓄电池应能承受 50kPa 的正压或负压而不破裂、不开胶，压力释放后壳体无残余变形。

（2）试验方法：通过蓄电池安全阀的孔内充入（或抽出）气体，当正压力（或负压力）为 50kPa 时，压力计指针应稳定 3～5s。

6.3.3.3 安全阀

（1）技术要求：按下面方法试验，安全阀应在 3～35kPa 的范围内可靠的开启和关闭。

（2）试验方法：按图 6-2 所示方法将完全充电的蓄电池连接到测量装置，并置于水槽中，水槽液面至安全阀顶部的距离不超过 5cm。

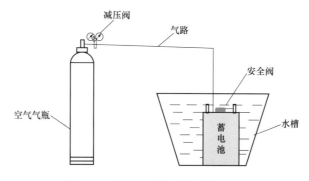

图 6-2 安全阀动作测试系统示意图

试验在 25℃±5℃ 的环境中进行，打开空气瓶总阀门，缓慢打开减压阀给蓄电池内部加压，当加压至安全阀部位冒出气泡时刻，记录减压阀刻度值作为开阀压 p_1；然后关闭气瓶总阀，通过自然减压法观察安全阀处气泡产生情况，当无气泡冒出时，再次记录减压阀刻度值作为闭阀压 p_2。

6.3.3.4 容量性能

（1）技术要求：蓄电池按下面方法试验，10h 率容量在第一次循环时应不低于 $0.95C_{10}$，在第 3 次循环内应达到 C_{10}；3h 率容量应达到 C_3；1h 率容量应达到 C_1。

（2）试验方法：

1）蓄电池经完全充电后，静置 1~24h，当蓄电池的表面温度为 25℃±5℃ 时，进行容量放电试验。10h 率容量用 I_{10}A 的电流放电到单体蓄电池平均电压为 1.80V 时终止；3h 率容量用 I_3A 的电流放电到单体蓄电池平均电压为 1.70V 时终止；1h 率容量用 I_1A 的电流放电到单体蓄电池平均电压为 1.60V 时终止，记录放电开始时蓄电池平均表面初始温度 t 及放电持续时间 T。

2）放电期间测量并记录单体蓄电池的端电压及蓄电池表面温度，测记间隔 10h 率容量试验为 1h；3h 率容量试验为 30min；1h 率容量试验为 10min。在放电末期要随时测量，以便测定蓄电池放电到终止电压的准确时间。

3）在放电过程中，放电电流的波动不得超过规定值得 ±1%。

4）用放电电流值 I（A）乘以放电持续时间 T（h）来计算实测容量 C_t（Ah）。

5）当放电期间蓄电池平均表面温度不是基准 25℃ 时，应按下式换算成 25℃ 基准温度时的实际容量 C_a。

$$C_a = \frac{C_t}{1 + \lambda\,(t - 25)}$$

式中　C_a——基准温度 25℃ 时容量，Ah；

C_t——蓄电池平均表面温度为 t℃ 时实测容量，Ah；

λ——温度系数，1/℃；C_{10} 和 C_3 时 $\lambda = 0.006$；C_1 时 $\lambda = 0.01$；

t——放电过程蓄电池平均表面温度，℃。

6）放电结束后，蓄电池应进行完全充电。

6.3.3.5 耐高电流能力

（1）技术要求：蓄电池按下面方法试验，端子、极柱及汇流排不应熔化或熔断；槽、盖不应熔化或变形。

（2）试验方法：经容量试验达到额定容量值的蓄电池完全充电后，在 20~25℃ 环境中，以 $30I_{10}$ 的电流放电 3min。

检查蓄电池的内外部是否有端子、极柱及汇流排熔化、熔断现象及槽、盖熔化、变形现象，并做好记录。

注：a. 试验期间应采取措施防备电池爆炸、电解液及熔融铅飞溅的危险。

b. 当测试大容量电池时，测试电流超过了设备能力，可以采用同样设计的小容量电池进行试验。

6.3.3.6 短路电流与直流内阻

制造厂应提供蓄电池出厂直流内阻值。

（1）技术要求：蓄电池按下面方法试验，测得的内阻平均值与制造厂规定的内阻值之间允许偏差范围为 ±10%。

（2）试验方法：经容量试验达到额定容量值的蓄电池完全充电后，在 20~25℃ 的环境中，通过两点测定法 $U = f(I)$ 放电特性曲线。

1）第一点（U_a、I_a）：

以电流 $I_a = 4I_{10}$（A）放电 20s，测量并记录蓄电池的端电压 U_a 值，间断 5min。不经再充电确定第二点。

2）第二点（U_b、I_b）：

以电流 $I_b = 20I_{10}$（A）放电 5s，测量并记录蓄电池的端电压 U_b 值。端电压应在每只蓄电池的端子处测量，确定无外部电压降干扰试验结果。

用测定的两点电压值（U_a、U_b）和电流值（I_a、I_b）绘出 $U = f(I)$ 特性曲线（见图 6-3），将特性曲线 $U = f(I)$ 线性外推，当 $U = 0$ 时示出短路电流（I_{se}，单位为 A），并通过计算得出内电阻（R_i，单位为 Ω）。

由图 6-2 可求出

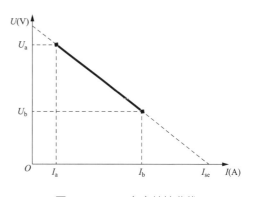

图 6-3　$U = f(I)$ 特性曲线

$$I_{se} = \frac{U_a I_b - U_b I_a}{U_a - U_b}; \quad R_i = \frac{U_a - U_b}{I_b - I_a}$$

6.3.3.7 防爆能力

（1）技术要求：蓄电池按下面方法试验，当外遇明火时其内部不应发生燃烧或爆炸。

（2）试验方法：实验应在确认安全措施得以保证后进行。

1）以 $0.5I_{10}$（A）电流对完全充电状态的蓄电池进行过充电 1h。

2）保持过充电状态下，在蓄电池排气孔附近，用直流 24V 电源，熔断 1~3A 熔丝（熔丝距排气孔 2~4mm），反复试验两次。

6.3.3.8 荷电保持性能

（1）技术要求：蓄电池按下面方法试验，储存 180d 后其荷电保持能力 $R \geqslant 73\%$。

（2）试验方法：经容量试验达到额定容量值的蓄电池完全充电后，在 25℃ ±5℃ 的环境中开路静置 180d，在蓄电池静置过程中每天记录一次蓄电池端电压及表面温度，静置 180d 后蓄电池不经再充电进行静置后的 3h 率容量试验，并测得静置后的容量 C_b（25℃）。

按下式计算荷电保持能力 R 值，即

$$R = \frac{C_b}{C_a} \times 100\%$$

式中　R——荷电保持能力，%；

　　　C_a——静置前实际能量，Ah；

　　　C_b——静置后实际能量，Ah。

6.3.3.9　再充电性能

（1）技术要求：蓄电池按下面方法试验，U_{flo}（V）恒压充电 24h 的再充电能力因素 R_{bf24h} 应≥85%；恒压充电 168h 的再充电能力因素 R_{bf168h} 应≥100%。

（2）试验方法：

1）经容量试验达到额定容量值的蓄电池完全充电后在 25℃±5℃ 的环境中，以 I_{10}（A）电流放电至单体平均电压为 1.80V 时终止，将所得的容量值修正至 25℃容量 C_a。

2）放电结束后，蓄电池静置保持 1h±0.1h，以 U_{flo}（V）电压限流 2.0I_{10}（A）进行再充电 24h；然后以 I_{10}（A）电流放电至单体蓄电池平均电压为 1.80V 时终止，将所得的容量值修正至 25℃容量 C_{a24h}。

3）计算蓄电池再充电能力因素 R_{bf24h} =（C_{a24h}×100）/C_a（%）。

4）蓄电池进行完全充电后再次以 I_{10}（A）电流放电至单体平均电压为 1.80V 时终止，将所得的容量值修正至 25℃容量 C_a。

5）放电结束后蓄电池静置保持 1h±0.1h，以 U_{flo}（V）电压限流 2.0I_{10}（A）进行再充电 168h。然后以 I_{10}（A）电流放电至单体平均电压为 1.80V 时终止，将所得的容量值修正至 25℃容量 C_{a168h}。

6）计算蓄电池再充电能力因素 R_{bf168h} =（C_{a168h}×100）/C_a（%）。

6.3.3.10　60℃浮充耐久性

（1）技术要求：蓄电池按下面方法试验，浮充循环时间应不低于 180d。

（2）试验方法：

1）经容量试验达到额定容量值的蓄电池完全充电后在 60℃±2℃ 的环境中以 U_{flo}（V）恒定电压连续充电 30 天。

2）经过 30 天连续浮充电后，蓄电池在浮充状态下冷却到 25℃±2℃，然后进行 3h 率容量放电试验，计算放电容量 C_3（25℃），整个冷却及放电过程应在 24h±12h 以内完成。

3）当放电容量不低于 0.80C_3 时，蓄电池经完全充电后再进行一次 30 天连续浮充电。

4）当放电容量低于 0.80C_3 时，再进行一次 3h 率容量放电试验验证，如果验证结果 C_3 容量不低于 0.80C_3，则蓄电池经完全充电后继续下一次 30 天连续浮充电，如果验证结果 C_3 仍低于 0.80C_3 时，浮充耐久试验终止，此 30 天不计入浮充电循环总数。

6.3.3.11　热失控敏感性

（1）技术要求：蓄电池按下面方法试验，充电 168h 过程中蓄电池的温度应小于或等于 60℃，每 24h 之间电流的增长率 ΔI 小于或等于 50%。

（2）试验方法：

1）经容量试验达到额定容量值的蓄电池完全充电后在 20～25℃ 的环境中每个单体以 2.45V ± 0.1V 的恒定电流（不限流）连续充电 168h。

2）充电过程中每隔 2h 测记一次浮充电流值和蓄电池表面温度值（测量点在端子部位）。

3）计算浮充电流在任一 24h 之内的增长率 ΔI 和蓄电池的温度值；当 $\Delta I > 50\%$（例如由 200mA 增大到 300mA）和温度值大于 60℃ 时，则认为蓄电池存在热失控的条件。

6.3.3.12　低温敏感性

（1）技术要求：蓄电池按下面方法试验，3h 率放电容量应大于或等于 $0.80C_3$，外观不应有破裂、过度膨胀及槽、盖分离。

（2）试验方法：按容量试验达到额定容量值的蓄电池经完全充电后在 20～25℃ 的环境中以 I_{10} 电流放电至单体蓄电池平均电压为 1.80V 时终止，蓄电池不经再充电置于 $-18℃ \pm 2℃$ 的低温试验箱中静置 72h ± 1h。

72h 后将蓄电池从低温试验箱中取出在室温下开路静置 24h，然后在 20～25℃ 的环境中以 U_{flo} 电压（限流 $2.0I_{10}$）连续充电 168h。

蓄电池进行 3h 率容量试验，将所得的实测容量修正至 C_a（25℃）。

6.3.4　蓄电池组性能

每一批次抽取 6 只蓄电池进行试验。

6.3.4.1　端电压一致性

（1）技术要求：蓄电池按下面方法试验，应满足以下技术要求。

1）开路端电压最高值与最低值的差值 $\Delta U \leqslant 20mV$（2V）、$\Delta U \leqslant 50mV$（6V）、$\Delta U \leqslant 100mV$（12V）。

2）浮充状态 24h 端电压最高值与最低值的差值 $\Delta U \leqslant 90mV$（2V）、$\Delta U \leqslant 240mV$（6V）、$\Delta U \leqslant 480mV$（12V）。

3）放电过程中蓄电池之间的端电压差值 $\Delta U \leqslant 0.20V$（2V）、$\Delta U \leqslant 0.35V$（6V）、$\Delta U \leqslant 0.60V$（12V）。

（2）试验方法：

1）完全充电的蓄电池组在 20～25℃ 的环境中开路静置 24h，分别测量和记录每只蓄电池的开路端电压值（测量点在端子处），计算开路端电压最高值与最低值的差值 ΔU。

2）用 U_{flo}（V）电压对蓄电池组进行浮充电，在浮充状态 24h 后，分别测量和记录每只蓄电池的浮充端电压值（测量点在端子处），计算浮充端电压最高值与最低值的差值 ΔU。

3）完全充电的蓄电池组在 20～25℃ 的环境中开路静置 1～24h，进行 10h 率容量试验，每隔 1h 测量记录一次每只蓄电池的端电压，指导有蓄电池达到放电终止电压，计算端电压最高值与最低值的差值 ΔU。

6.3.4.2　10h 率容量一致性

（1）技术要求：蓄电池 10h 率容量的极差系数小于或等于 0.05 [最高值与最低值之间的差值和额定容量（C_{10}）的比值]。

（2）试验方法：取 6 只蓄电池进行 10h 率容量试验。

6.3.4.3　内阻一致性

（1）技术要求：蓄电池内阻的极差系数小于或等于 0.10（最高值与最低值之间的差值和制造厂规定内阻值的比值）。

（2）试验方法：取 6 只蓄电池进行直流内阻试验。

6.3.5　检验规则

蓄电池试验类型包括型式试验、出厂试验、抽检试验。

6.3.5.1　型式试验

在下列任一情况下，设备须进行型式试验：

（1）新设计投产的设备（包括转厂生产），在鉴定前应进行新产品定型的型式试验。

（2）连续生产的设备，应每 3 年对出厂检验合格的设备进行一次型式试验。

（3）当改变制造工艺或主要元件，而影响设备的性能时，均应对首批投入生产的合格品进行型式试验。

型式试验应对本标准所规定的所有项目进行试验。

6.3.5.2　出厂试验

蓄电池应进行出厂试验，经质量检验部门确认合格后方能出厂，并应具有证明产品合格的出厂证明书及出厂试验报告。

出厂试验应对外观、密封性进行 100% 检验，尺寸、质量抽检比例为 1%。

6.3.5.3　抽检试验

抽检试验指设备到货时，采用随机抽样的方式进行的试验。

检验分类和检验项目见表 6-3，型式试验项目与全项试验程序见表 6-4。

表 6-3　　　　　　　　　　　　　　检验分类和检验项目

序号	检验项目	型式试验	出厂试验	抽检试验
1	外观	√	√	√
2	结构	√	√	√
3	硫酸	√		√
4	极板和板栅	√		√
5	汇流排	√		√
6	电池槽、盖	√		√
7	连接条	√		√
8	质量	√	√	√

序号	检验项目	型式试验	出厂试验	抽检试验
9	密封性	√	√	√
10	安全阀	√		√
11	容量性能	√		√
12	耐高电流能力	√		√
13	短路电流与直流内阻	√		√
14	防爆能力	√		
15	荷电保持性能	√		
16	再充电性能	√		
17	60℃浮充耐久性	√		
18	热失控敏感性	√		√
19	低温敏感性	√		
20	端电压一致性	√	√	√
21	10h率容量一致性	√	√	√
22	内阻一致性	√		√

注 √为确定测试标志。

表6-4　　　　　　　　　　　型式试验项目与全项试验程序

序号	检验项目	样品编号和试验项目分配					
		1	2	3	4	5	6
1	外观	√	√	√	√	√	√
2	质量	√	√	√	√	√	√
3	密封性	√	√	√	√	√	√
4	容量性能	√	√	√	√	√	√
5	短路电流与直流内阻	√	√	√	√	√	√
6	端电压一致性	√	√	√	√	√	√
7	10h率容量一致性	√	√	√	√	√	√
8	内阻一致性	√	√	√	√	√	√
9	连接条	√	√	√	√		
10	60℃浮充耐久性	√					
11	安全阀	√					
12	低温敏感性		√				
13	防爆能力		√				
14	再充电性能			√			
15	荷电保持性能				√		
16	热失控敏感性					√	
17	耐高电流能力						√
18	结构	√					
19	硫酸	√					
20	极板和板栅	√					
21	汇流排	√					
22	电池槽、盖	√					

注 √为确定测试标志。

铅酸蓄电池
寿命评估及延寿技术

7

铅酸蓄电池本体参数对
浮充寿命的影响研究

7.1　正极板栅合金的影响

正极板栅腐蚀是影响浮充寿命的最主要因素之一。根据铅酸蓄电池电池失效分析结论可知，蓄电池正极板栅合金处于电化学热力学不稳定状态，正极板栅合金腐蚀是不可避免的。不同的铅合金在硫酸电解液中的电化学腐蚀机制及腐蚀速度有较大的差异，选择耐腐蚀性能好的铅合金材料作为电池的正极板栅，能够有效地抑制正极板栅的腐蚀，延长电池的使用寿命。

常见的蓄电池正极板栅合金有铅锑合金和铅钙合金，下面比较了铅锑合金、铅钙合金（其中 Ca 含量＞0.07%）以及一种改进型铅钙合金（其中 Ca 含量＜0.07%）3 种合金材料在正极电位下的耐腐蚀性能。测试方法如下：以测试合金板栅作为工作电极，以金属铅板或者负极板作为辅助电极，以 Hg_2SO_4 电极作为参比电极，在 $1.4g/cm^3$ H_2SO_4 电解液中以 1.4V 电压进行恒压充电。待达到要求测试时间后，将腐蚀后合金制成样品进行金相测试。

评判合金的腐蚀程度一般通过金相显微镜观察合金腐蚀层的"晶界腐蚀数量、基体腐蚀深度、晶界腐蚀深度"这三个方面来综合评价，具体参数描述如下：

（1）晶界腐蚀数量 δ：沿着腐蚀接触面单位长度上往板栅内部晶界腐蚀部位的数目。

（2）基体腐蚀深度 D：沿着腐蚀接触面周围基体腐蚀的深度。

（3）晶界腐蚀深度 L：晶界腐蚀的测量深度。

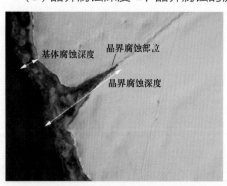

图 7-1　耐蚀性能评价参数示意图

图 7-1 是基体腐蚀深度和晶界腐蚀深度的示意图，晶界腐蚀数量为每个板栅格横截面上所包含的晶界腐蚀平均数量，大约相当于每 5mm 周长上的腐蚀部位数量。为了使测试结果具有较好的代表性，在比较这三个评价参数时分别对十个平行样品进行测试，取平均值。评价参数数值越小，说明合金的耐蚀性能越好。

表 7-1 和表 7-2 分别给出了铅锑合金、铅钙合金（其中 Ca 含量＞0.07%）以及某种改进型铅钙合金（其中 Ca 含量＜0.07%）3 种正极合金的腐蚀形貌及腐蚀参数。从表 7-1 中可以看到，铅锑合金的晶粒结构和铅钙合金有较大的区别，铅锑合金的晶粒较小，晶界十分密集，而铅钙合金具有较大的晶粒，晶粒的不同导致两者具有不同的腐蚀机制。铅锑合金由于晶格较小，晶界分布十分密集，在发生腐蚀的过程中，在单位长度上的晶界几乎全部腐蚀，无法计算腐蚀部位的数目，主要为合金基体的均匀腐蚀。铅钙合金晶格较大，腐蚀除了发生基体腐蚀外，也会沿着合金晶界腐蚀，从而引起合金失效。

表 7-1 三种合金的腐蚀形貌比较

项目	铅锑合金	铅钙合金	改进型铅钙合金
0 天			
63 天			
130 天			

表 7-2 3 种合金腐蚀参数

合金类型	63 天			130 天		
	D (μm)	L (μm)	δ	D (μm)	L (μm)	δ
铅锑合金	41.57	—	—	88.61	—	—
铅钙合金	10.91	45.56	21.31	38.98	98.28	25.83
改进型铅钙合金	7.63	47.89	13.47	18.63	68.10	18.13

由表 7-2 可知，铅锑合金在 63 天和 130 天的基体腐蚀深度分别为 41.57 μm 和 88.61 μm，而铅钙合金基体腐蚀深度仅为 10.91 μm 和 38.98 μm，约为铅锑合金基体腐蚀深度的 1/4 和 1/2，腐蚀程度大大减轻。而改进型铅钙合金在传统铅钙合金的基础上耐腐蚀性得到进一步优化。如表 7-2 所示，改进型铅钙合金在经过 63 天的腐蚀试验后晶界腐蚀深度与普通的铅钙合金相当，基体腐蚀深度和晶界腐蚀数量分别为 7.63 μm 和 13.47，均小于普通的铅钙合金。当经过 130 天腐蚀后，改进型铅钙合金的基体腐蚀深度增大 1.44 倍到 18.63 μm，晶界腐蚀深度以及晶界腐蚀数量变化较小，增加不超过 50%；而普通铅钙合金的基体腐蚀深度和晶界腐蚀深度相比于 63 天腐蚀结果分别增大到原来的 4 倍和 2 倍，这说明改进型铅钙合金的腐蚀速率小于普通铅钙合金。

改进型铅钙合金通过调整合金中各个元素含量，适当减少了钙的添加量，增大了

Sn/Ca 的比率，使得合金具有更加优异的耐腐蚀性能，应用于铅酸蓄电池正极能够有效降低正极板栅的腐蚀速率，延长板栅腐蚀的时间，从而提高电池的使用寿命。

除此之外，对 3 种合金的电化学腐蚀性能试验也证实了这一结果。图 7-2 所示为蓄电池循环伏安曲线图，从图 7-2 中可以看到在正极电位下合金循环伏安曲线具有 4 个氧化还原特征峰，对应的反应分别为 1 号峰，PbO_2 还原为 $PbSO_4$；2 号峰，Pb 氧化为 PbO_x；3 号峰，PbO_x 氧化为 PbO_2；4 号峰，析氧峰。图 7-2（a）所示为铅钙合金不同周期的循环伏安曲线图。在第 1 个周期时，由于金属表面尚未形成腐蚀层，所以无法观察到 3 号特征峰。随着扫描周期的增加，合金表面腐蚀程度逐渐加深，腐蚀层厚度逐渐增大，因此 1 号和 3 号特征峰逐渐增大。相同时间内，特征峰电流越大，表明 PbO_2 量越多，腐蚀厚度越大。比较 3 种合金在 100 个周期时 1 号和 3 号特征峰，可以发现 3 者的峰强度顺序为铅锑合金 > 铅钙合金 > 改进型铅钙合金，即改进型的铅钙合金具有最优的耐腐蚀性能，铅锑合金的耐腐蚀性能则最差，结果与先前恒压腐蚀试验结果一致。

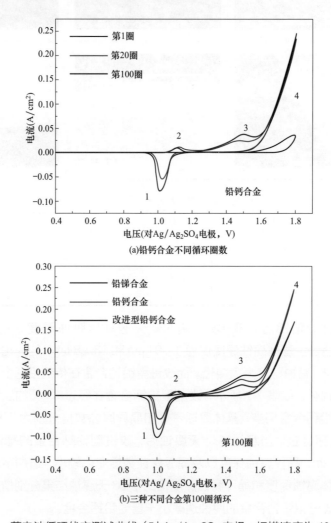

图 7-2 蓄电池循环伏安测试曲线（对 Ag/Ag_2SO_4 电极，扫描速度为 10mV/s）

为了进一步验证合金成分对蓄电池的整体影响作用，分别将 3 种合金作为正极板栅制备 2V-300Ah 型试验电池，并进行 60℃浮充耐久性试验。图 7-3 展示了 3 种不同合金板栅制造的 VRLA 电池在加速浮充寿命试验中浮充电流、失水率、电导及 C_3 容量的变化曲线。铅锑合金板栅由于含有锑元素，在循环过程中锑会从正极板栅溶解到电解液中，通过扩散迁移最后在负极上析出，导致蓄电池负极析氢反应增大，引起电池水损耗加剧。如图 7-3所示，使用铅锑合金的蓄电池失水率远大于使用其他两种合金作为正极板栅的电池，

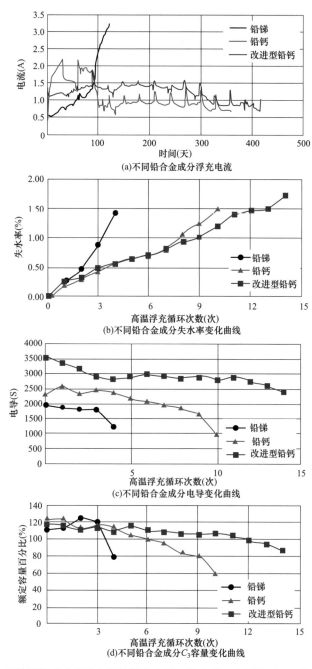

图 7-3　3 种板栅合金 VRLA 电池浮充电流、失水率、电导及 C_3 容量变化曲线

在 4 次浮充循环后,蓄电池失水量已经达到电池总质量的 1.5%,约是使用其他两种合金蓄电池的 3 倍。随着失水的增大,蓄电池内部饱和度下降,引起蓄电池氧复合电流增大。因此,蓄电池浮充电流随着使用时间的增加不断增大,从而加剧电池正极板栅腐蚀。铅锑合金的导电性能相比于铅钙合金较差,因此使用铅锑合金板栅的蓄电池导电性能也低于使用铅钙合金的蓄电池。改进型铅钙合金由于减少了 Ca 的添加量,增大了 Sn/Ca 的质量比,提高了合金腐蚀层导电性能,从而使蓄电池具有更优异的导电性能。由 C_3 容量变化曲线可见,铅锑合金电池的容量在初期与铅钙合金电池并无太大的差别。随着 60℃ 浮充耐久性试验的进行,由于电池失水的加剧,浮充电流增大,导致蓄电池电导率下降,铅锑合金电池容量急剧下降。铅锑合金电池测试进行 4 个循环后,由于电池失水量较大,引起电池内阻迅速增大,在第 4 个循环时的容量发生突降,容量从额定容量的 120% 迅速降至额定容量的 79%。使用铅钙合金的蓄电池 60℃ 浮充耐久性试验循环了 10 次以后才失效,寿命较使用铅锑合金的蓄电池提高了 1.5 倍。可见铅锑合金不适合应用于浮充模式下的 VRLA 电池,变电站直流电源等浮充应用场合使用的 VRLA 电池必须要求使用铅钙合金作为正极板栅材料。改进型铅钙合金由于降低了 Ca 的添加量,提高了合金中 Sn/Ca 的比率,使得合金的抗蠕变性能和耐腐蚀性能进一步提高,以该合金为正极板栅制备的 VRLA 电池具有更长的浮充寿命。由图 7-3 可知,改进型铅钙合金 VRLA 电池经高温浮充循环了 14 次后,其容量仍能保持在额定容量的 88%,浮充寿命比使用普通铅钙合金的蓄电池至少延长 50% 以上。

作为后备电源浮充运行的铅酸蓄电池,其正极板栅合金需要具有高耐腐蚀性能、优良的导电性能及较好的免维护性能。一般来说,铅锑合金的这 3 种性能都不如铅钙合金。同时,电池内阻和电池内部的酸饱和度有相应的关系,当电解液饱和度大于 80% 时,电池内阻下降较小,而当电解液饱和度小于 80% 时,电池内阻急剧增大。使用铅锑合金作为正极板栅会加剧 VRLA 电池的失水,引起蓄电池内阻增大,缩短蓄电池的浮充使用寿命。因此,在进行变电站用的 VRLA 蓄电池采购时,应要求供应商不能采用铅锑合金作为正极板栅合金。在铅钙合金的选择上,低钙含量(Ca 含量小于 0.07%)、高 Sn/Ca 比的正极板栅具有更好的抗蠕变性能和耐腐蚀性能,制备的电池也具有更高的浮充寿命。但是,过低的钙含量会降低合金的硬度,影响板栅的机械强度。同时,Sn 的价格相对较高,且添加于板栅合金中会引起电池析氧加剧。因此,通常浮充型 VRLA 电池正极板栅应选用高锡低钙合金(其中 Ca 含量小于 0.07%)。

7.2 正极板栅合金投铅量的影响

根据站用 VRLA 蓄电池典型失效模式分析的结论,正极板栅腐蚀是影响蓄电池浮充寿命的最主要因素之一。极板投铅量是指在单位容量条件下极板中铅合金板栅的重量,其单位一般为 g/Ah。增加板栅的投铅量可以简单地理解为板栅筋条加粗。在相同腐蚀速率的条件下,筋条较细的板栅腐蚀比率较大,即更快降低电导率、更快失去机械强度而使蓄电池失效；而在基体腐蚀深度相同的情况下，筋条较粗的板栅腐蚀比率较小，更能保证电导率和机械强度，蓄电池的寿命也就更长。当投铅量较低的板栅被腐蚀失效时，高投铅量的板栅仍然能够保障板栅的机械强度及导电性能，从而提高铅酸蓄电池的浮充寿命及可靠性。

　　图 7-4 展示了不同投铅量 VRLA 电池在 60℃浮充耐久性试验中浮充电流、失水率、电导及 C_3 容量的变化曲线。如图 7-4 所示，投铅量变化对蓄电池浮充电流及失水率影响不大，而电池电导则随着投铅量的增加有明显增大，这是由于投铅量的增大使得电池板栅合金加粗，从而提高了板栅的导电能力。从 C_3 容量变化曲线来看，投铅量为 17g/Ah、10g/Ah、8g/Ah 和 7g/Ah 的电池的高温浮充循环分别为 16 次、13 次、10 次和 7 次。可见在其他条件不变的情况下，正极板栅投铅量越大，电池的浮充循环寿命越长。

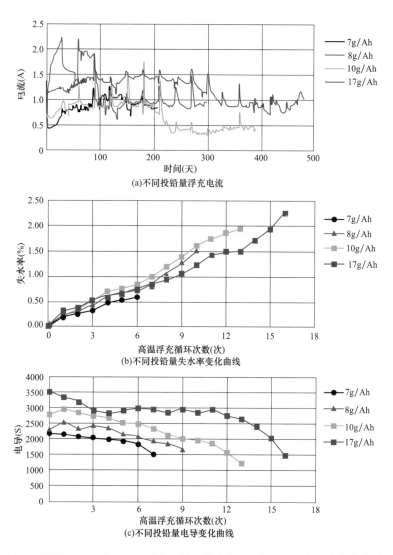

图 7-4　不同投铅量 VRLA 电池浮充电流、失水率、电导及 C_3 容量变化曲线（一）

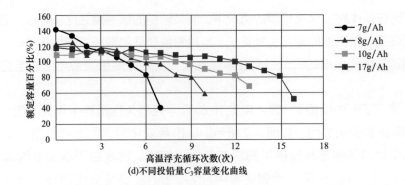

(d)不同投铅量C_3容量变化曲线

图7-4　不同投铅量 VRLA 电池浮充电流、失水率、电导及 C_3 容量变化曲线（二）

将 VRLA 电池浮充寿命与正极板栅投铅量进行线性拟合可得到图 7-5 所示的关系曲线。如图 7-5 所示，电池正极板栅的投铅量与电池的浮充寿命基本上呈线性的关系，电池浮充寿命随着电池投铅量的增大而延长。每增加 1g/Ah 板栅投铅量，电池浮充寿命延长 1~2 年。

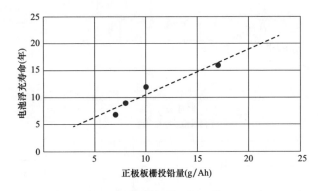

图7-5　VRLA 电池浮充寿命与正极板栅投铅量关系

目前，国内市场蓄电池价格竞争激烈，为了降低成本，普通 VRLA 蓄电池投铅量大都在 6~8g/Ah 之间，浮充寿命小于 10 次，采用 10g/Ah 投铅量的电池浮充寿命可达 12~13 次，较于普通 VRLA 电池寿命提高了 20%。不过，板栅合金投铅量的增加意味着材料成本的增加，相应地会造成蓄电池价格上涨。因此，电池投铅量的选择是经济性和安全性的一个综合考虑，应根据不同的应用需要选择不同的板栅合金投铅量。

7.3　汇流排合金的影响

根据站用 VRLA 蓄电池典型失效模式分析的结论可知，负极汇流排腐蚀是影响蓄电池的浮充寿命的另一个重要因素。负极汇流排腐蚀是 VRLA 电池一种特有的失效方式，由于贫液以及氧气复合的特性，大量氧气聚集在蓄电池极板集群的上部，而负极汇流排表层电位随着离开液面距离增大而升高，使负极汇流排失去阴极保护，在长时间的浮充使用过程中会发生腐蚀，腐蚀严重时会导致汇流排断裂，甚至引起蓄电池开路失效。负极汇流排的断裂具有很强的隐蔽性，常规的小电流核容性放电检查很难发现这种隐患，而在需要蓄电池应急供电时，进行大电流放电可能会造成突发性故障，从而引发电力事故，造成重大经济损失。

合金材料、结构设计、焊接工艺都会影响汇流排腐蚀速率，其中合金材料组分是最为关键的影响因素。

常用的铅酸蓄电池汇流排材料有铅锑合金和铅锡合金，下面通过模拟试验比较了铅锑合金、铅锡合金和改进型铅锡合金作为负极汇流排的耐腐蚀性能。测试方法如下：将铅合金通过机械加工制备成 1cm×0.3cm×6cm 合金样条。将铅合金样条插入到含有 5mol/L H_2SO_4＋0.1mol/L Na_2SO_4 溶液的玻璃纤维隔膜中 1cm，剩余 5cm 暴露于空气中，以合金样条为工作电极，金属铅板为辅助电极，Hg/Hg_2SO_4 电极为参比电极，恒压－1.1V 条件下极化 240h。经过 240h 恒压极化后，合金电极表面生成了腐蚀层。将合金电极平均切成6 等份，制成样品，通过金相显微镜测试合金腐蚀层厚度。

图 7-6 所示为合金电极 25℃ 条件下模拟腐蚀试验前后的对比图。如图 7-6 所示，合金腐蚀分为 3 个区域：靠近极板集群的受保护区域、$PbSO_4$ 腐蚀区和无定型腐蚀区域。

（1）靠近集群的受保护区域。该区域中合金相电位差低于 $Pb/PbSO_4$ 的平衡电位，且周围存在着大量的 H^+ 离子，$PbSO_4$能够被还原成 Pb，合金受到保护，腐蚀较为轻微。

（2）$PbSO_4$ 腐蚀区。处于该区域的合金电位差达到或超过 $Pb/PbSO_4$ 的平衡电

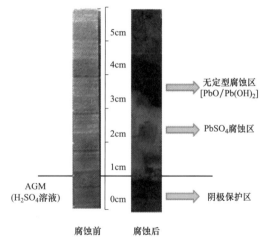

图 7-6　合金电极腐蚀前后对比图（25℃）

位，失去阴极保护，同时由于受到溶液离子扩散距离限制，H^+ 离子浓度无法及时得到补充，反应主要为 Pb 与氧气、SO_4^{2-} 离子复合最终生成 $PbSO_4$ 晶体，腐蚀层厚度迅速增大。该区域为合金最主要的腐蚀区域。

（3）无定型腐蚀区域。该区域位置汇流排合金表面液膜中的 H^+ 离子和 SO_4^{2-} 离子已经被 $PbSO_4$ 腐蚀区中的化学/电化学反应消耗殆尽，合金与氧气反应生成一层致密的 $PbO/Pb(OH)_2$ 腐蚀层，从而阻止合金进一步被腐蚀，因此，腐蚀层厚度大大减小。

通过对合金表面电位变化曲线（见图 7-7）的研究可知，合金随着离开液面的高度增加，电极表面电动势会逐渐增大。当合金高度大于 1cm 时，此时合金表面的电位已经达到或者高于 $Pb/PbSO_4$ 的标准电位（－1.009V，对 Ag/Ag_2SO_4 电极）。这意味着离开液面 1cm 以上的汇流排区域，汇流排合金失去阴极保护，金属 Pb 容易被氧化为疏松多孔的 $PbSO_4$，引起汇流排合金腐蚀。

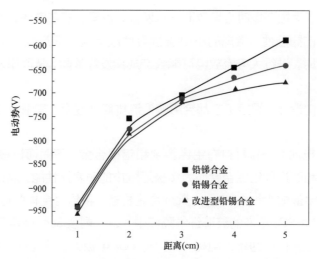

图 7-7　合金表面电位变化曲线（相对于 Ag₂SO₄ 电极）

　　由于在常温条件下腐蚀较为缓慢，为了更好地比较 3 种合金材料的耐腐蚀性能，进行了 60℃高温下－1.1V 恒压极化加速合金腐蚀试验，考察铅锑合金、铅锡合金和改进型铅锡合金的耐腐蚀性能。

　　图 7-8 展示了铅锑合金、铅锡合金和改进型铅锡合金 3 种合金材料在 60℃高温加速腐蚀试验后的照片。如图 7-8 所示，铅锑合金的 PbSO₄ 腐蚀区域较为窄小，而铅锡合金和改进型铅锡合金的 PbSO₄ 腐蚀区域范围较大。将腐蚀后的合金电极等分成 6 份（插入 AGM 端记为 0cm），分别对合金不同高度的横截面进行金相测试分析，得到腐蚀后合金不同高度横截面的金相图。其中以铅锑合金为例，浅色部分为合金基体，蓝色部分为包覆的树脂，两者中间深色的夹层为腐蚀层，如图 7-9 所示。

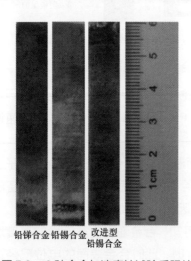

铅锑合金　铅锡合金　改进型铅锡合金

图 7-8　3 种合金加速腐蚀试验后照片

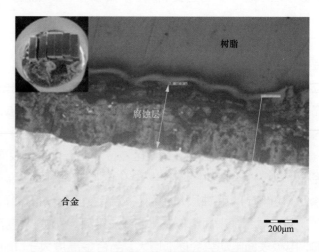

图 7-9　铅锑合金截面腐蚀层金相图

　　3 种合金具体的不同高度截面腐蚀层金相图如表 7-3 所示。由表 7-3 腐蚀层金相图采用多次测量取平均值方法计算得到腐蚀层厚度值，从而得到合金腐蚀层厚度变化曲线，如图 7-10 所示。由表 7-3 及图 7-10 可知，3 种合金腐蚀层都呈现出先增大、后减小变化趋势，最大厚度都出现在 1cm 处位置，对应 $PbSO_4$ 腐蚀区。其中铅锑合金腐蚀区域较小，腐蚀较为集中，腐蚀层厚度最大，在高度 1cm 处腐蚀层厚度达到 380 μm；铅锡合金和改进型铅锡合金的腐蚀分布区域较大，腐蚀层分布较为均匀，铅锡合金最大腐蚀厚度约为 145 μm，而改进型铅锡合金腐蚀层最小，约为 94 μm。这表明铅锑合金作为 VRLA 蓄电池负极汇流排的耐腐蚀性能较差，容易发生腐蚀，导致汇流排断裂。改进型铅锡合金在负极环境下耐腐蚀性能更优，能够延缓由汇流排腐蚀引起的蓄电池失效。

表 7-3　　　　　　　　　　　3 种合金电极不同高度截面金相图

高度	铅锑合金	铅锡合金	改进型铅锡合金
0cm	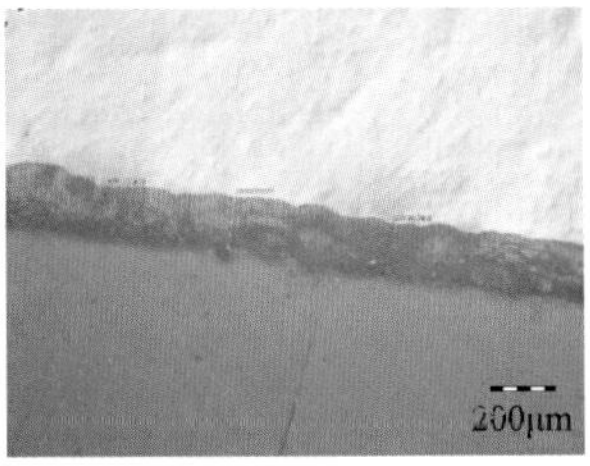	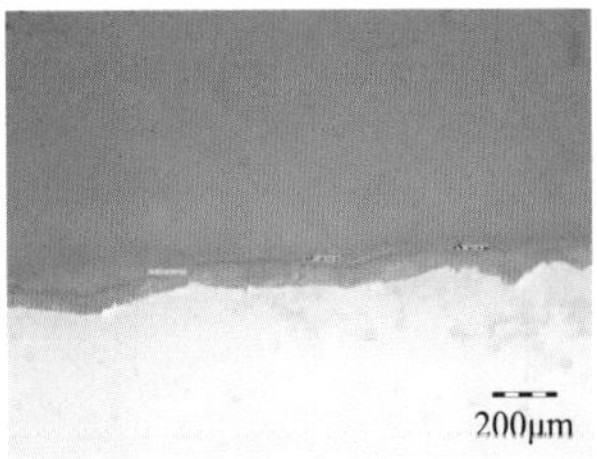	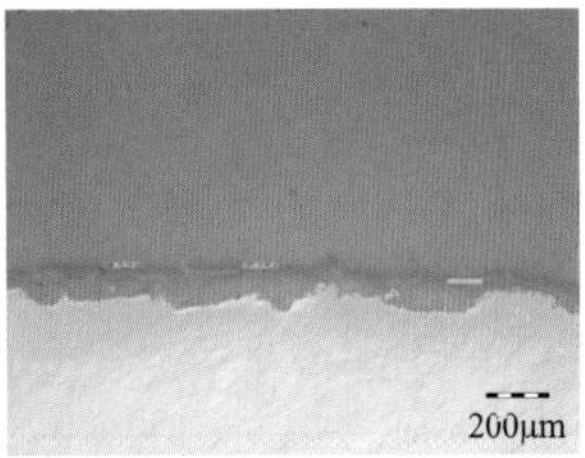
1cm	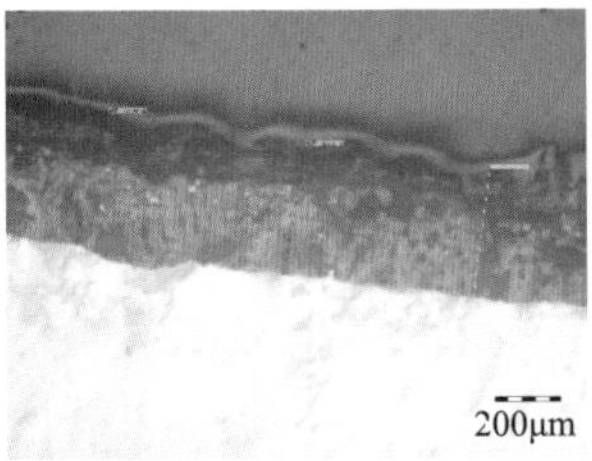	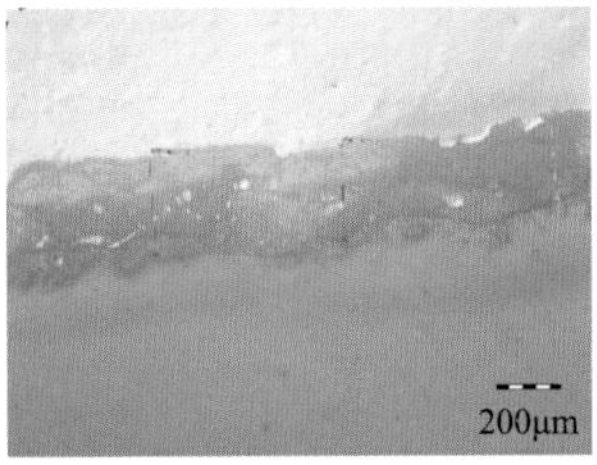	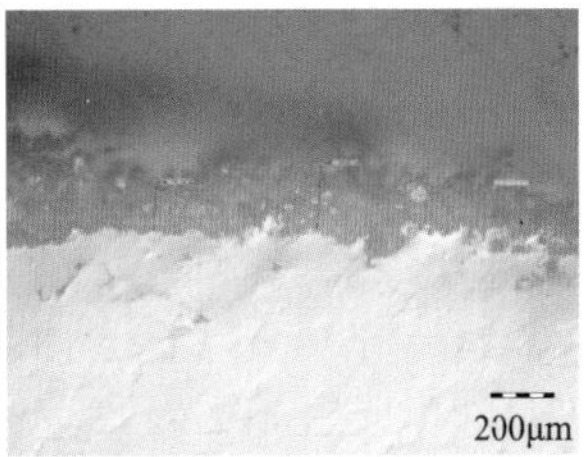
2cm		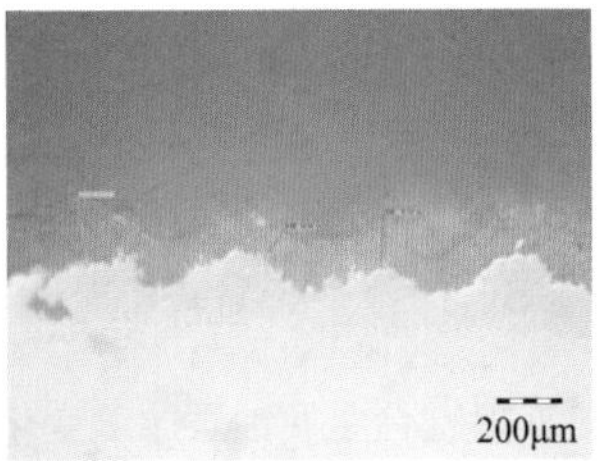	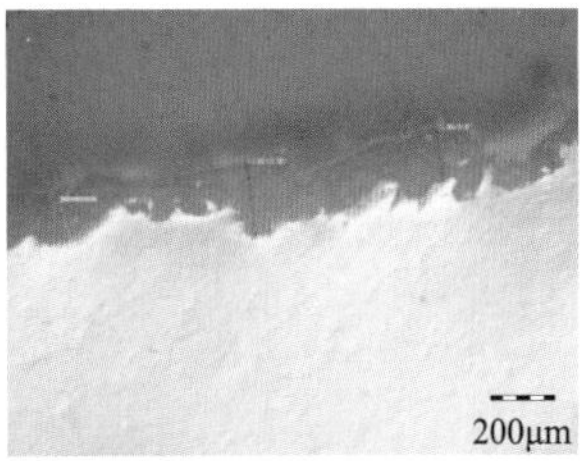
3cm	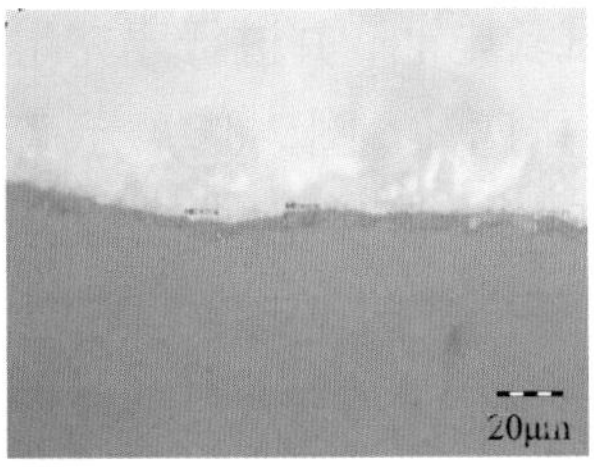	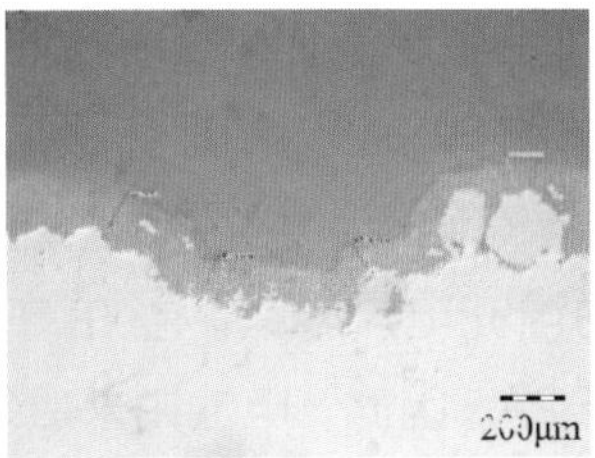	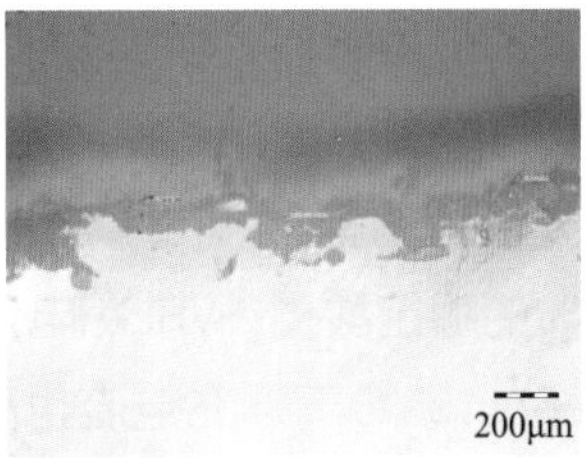

高度	铅锑合金	铅锡合金	改进型铅锡合金
4cm	20μm	200μm	200μm
5cm	20μm	200μm	200μm

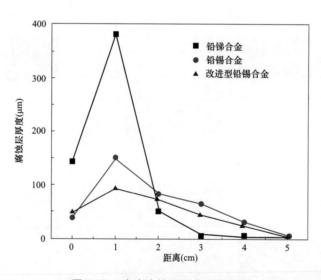

图 7-10　合金腐蚀层厚度变化曲线

　　为了进一步比较 3 种汇流排合金在蓄电池中的腐蚀情况，分别将铅锑合金、铅锡合金及改进型铅锡合金作为汇流排合金制备 2V-300Ah 型的试验电池，并进行浮充耐久性试验。其中蓄电池酸量是额定酸量的 80％，以加速负极汇流排腐蚀。图 7-11 展示了不同汇流排合金制备的 VRLA 电池的浮充电流变化曲线。如图 7-11 所示，由于试验只添加了 80％的额定酸量，VRLA 电池的浮充电流较大，当在 60℃下浮充时，电池浮充电流可达 5～6A，55℃下浮充电流也高于 2A，因此，电池内部氧复合反应速率较大，负极汇流排腐蚀速率增大。

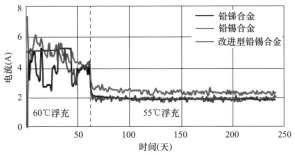

图 7-11　不同汇流排合金 VRLA 电池浮充电流变化曲线

在浮充 8 个月后（60℃2 个月 + 55℃6 个月），对电池负极汇流排的形貌进行分析研究。如图 7-12 所示，铅锑合金汇流排表面腐蚀严重，且出现了显著的腐蚀缝隙，在应力作用下可能导致汇流排的断裂失效；铅锡合金汇流排表面全部被腐蚀为白色硫酸铅，腐蚀较为严重，但是没有出现明显的腐蚀缝隙；采用改进型铅锡合金的汇流排腐蚀最为轻微，没有显著的腐蚀裂缝且腐蚀区域较小。

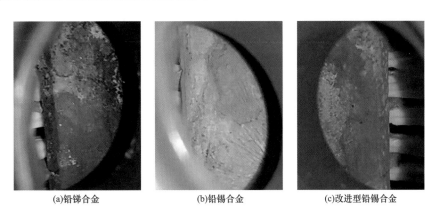

(a)铅锑合金　　　　　(b)铅锡合金　　　　　(c)改进型铅锡合金

图 7-12　蓄电池浮充 8 个月后的负极汇流排照片

通过金相显微镜对 3 种合金的腐蚀情况进一步考察，结果如图 7-13 所示，3 种合金有着不同的金相结构，铅锑合金金相结构呈树叶状分布，其中白色部分为富铅 α-固溶体，而深色部分为富锑 β-固溶体，由于金属 Sb 在合金晶界处富集，会加速汇流排的晶间腐蚀。铅锡合金金相结构呈长条方块状分布，其晶粒尺寸较大，长度超过 500 μm，宽度在 100 ~ 300 μm 之间。改进型铅锡合金金相呈小块方块结构，其晶粒尺寸较小，在 10 ~ 50 μm 之间。根据文献报道，铅锡合金作为负极汇流排的耐腐蚀性能与其晶粒尺寸密切相关，晶粒越小，则汇流排耐腐蚀性能越佳。从图 7-13 中可以发现，铅锑合金的汇流排腐蚀层最大，铅锡合金次之，改进型铅锡合金具有最小的腐蚀层厚度。由图 7-13 可测算出 3 种合金的平均腐蚀层厚度，结果如表 7-4 所示。铅锑合金、铅锡合金及改进型铅锡合金的平均腐蚀层厚度分别为 285 μm、218 μm 和 98 μm。3 者的耐腐蚀性能从高到低依次为改进型铅锡合金＞铅锡合金＞铅锑合金。这一结论进一步验证了先前模拟试验的结果，与文献报道的结论也是一致的。

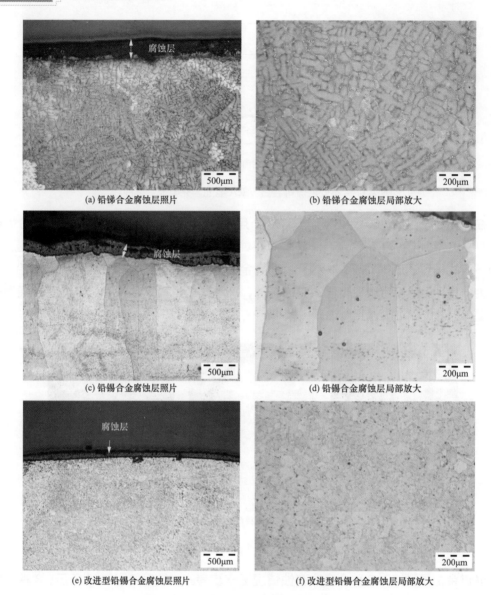

(a) 铅锑合金腐蚀层照片

(b) 铅锑合金腐蚀层局部放大

(c) 铅锡合金腐蚀层照片

(d) 铅锡合金腐蚀层局部放大

(e) 改进型铅锡合金腐蚀层照片

(f) 改进型铅锡合金腐蚀层局部放大

图 7-13　负极汇流排合金腐蚀层金相相片

表 7-4　　　　　　　　　　　　　　3 种负极汇流排合金腐蚀层厚度

合金	晶胞尺寸（μm）	腐蚀层厚度（μm）
铅锑合金	50～100	285
铅锡合金	100～300	218
改进型铅锡合金	10～50	98

　　VRLA 电池的负极汇流排处于贫液富氧的环境中，汇流排腐蚀不可避免，采用耐腐蚀性能较好的合金是改善汇流排腐蚀最为有效的措施。锑元素的引入会引起铅合金耐腐蚀性能的恶化，铅锑合金在负极环境下耐腐蚀性能较差。研究表明，在负极汇流排合金材料中锑元素含量超过 17ug/g 时就会引起汇流排耐腐蚀性能的恶化。因此，电网公司在进行

变电站用的 VRLA 蓄电池采购时，应要求供应商不能采用铅锑合金作为负极汇流排材料。改进型铅锡合金相比于普通铅锡合金具有更好的耐腐蚀性能，其耐腐蚀性能与其晶粒结构密切相关，晶粒尺寸较大的合金耐腐蚀性能差，晶粒尺寸较小的合金耐腐蚀性能优。因此，VRLA 电池负极汇流排合金应避免引入有害的锑元素，尽量选用晶粒尺寸小于 50 μm 的铅锡合金，以提高其耐腐蚀性能。

7.4　装配压缩比的影响

装配压缩比是指入槽集群隔板压缩量与隔板压缩前的厚度之比。装配压缩比对 VRLA 电池浮充寿命的影响较大。一般而言，VRLA 电池均采用紧装配的工艺，较大的装配压力能遏制正、负极铅膏在充放电过程中的膨胀，防止正、负极铅膏的软化脱落。隔板在长期使用过程中均存在不同程度的形变，从而导致电池部件之间接触电阻的增大。增大装配压缩比，可改善蓄电池内部部件之间的接触情况，使电池电导下降减慢，同时抑制电池正极活性物质软化脱落，从而使得蓄电池容量保持较好，可以延长蓄电池使用寿命。

为了比较不同装配压缩比对蓄电池性能的影响，制备了 10% ~ 30% 不同装配压缩比的 VRLA 电池进行 60℃ 浮充耐久性试验。图 7-14 展示了不同装配压缩比的 VRLA 电池浮充电流、失水率、电导及 C_3 容量的变化曲线，可以看出装配压缩比对蓄电池的浮充电流和失水率影响较小，但对电导和 C_3 容量的影响较大。装配压缩比为 10% 的蓄电池经过 4 次循环后，其电导即降低 50% 以上，C_3 容量也降低到不足额定容量的 60%。装配压缩比提高到 15% 和 20% 后，蓄电池的电导和 C_3 容量保持率均有明显提高，但是当装配压缩比大于 20% 时，再提高装配压缩比对蓄电池的性能改善效果较小。过高的装配压缩比反而容易挤压电池隔板，减小隔板的孔隙率甚至导致隔板扭曲破裂，引起极板之间的微短路。因此，浮充应用的 VRLA 电池的装配压缩比应控制在 20% 左右为宜。

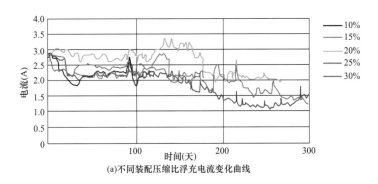

(a)不同装配压缩比浮充电流变化曲线

图 7-14　不同装配压缩比 VRLA 电池浮充电流、失水率、

电导及 C_3 容量变化曲线（一）

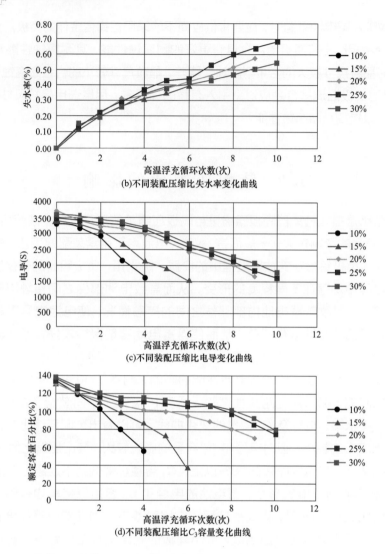

(b)不同装配压缩比失水率变化曲线

(c)不同装配压缩比电导变化曲线

(d)不同装配压缩比C_3容量变化曲线

图 7-14 不同装配压缩比 VRLA 电池浮充电流、失水率、电导及 C_3 容量变化曲线（二）

7.5 安全阀压的影响

安全阀的主要作用是当蓄电池内部气压超过开阀压时将 VRLA 电池内部聚集的气体排出，然后在内部气压降低到闭阀压以下时再将阀门关闭，保证蓄电池密封性。如果蓄电池安全阀的开阀压设计的较低，气体易于排出，将会增加蓄电池失水风险。

为了验证安全阀开闭阀压力对 VRLA 蓄电池浮充寿命的影响，设计制备了低阀压（10～15kPa）和高阀压（20～35kPa）的两种 VRLA 电池，并通过 60℃浮充耐久性试验进行性能比较。

图 7-15 展示了不同安全阀压的两种 VRLA 电池在 60℃浮充耐久性试验过程中浮充电流、失水率、电导及 C_3 容量的变化曲线，可以看出高安全阀压的 VRLA 电池浮充电流较

小，失水率较低，且电导及 C_3 容量保持率更好。研究表明，安全阀压的变化对电池浮充寿命有一定影响。从图 7-15 可以看出，高阀压的蓄电池失水率比较低，低阀压则会导致蓄电池内部氧复合效率降低，部分氧气来不及与负极复合就通过安全阀排到电池外部，这就造成蓄电池失水率较高。随着浮充时间的增加，低阀压的蓄电池水损耗加剧，从而引起隔膜电阻增大，电池容量下降，最终影响电池的使用寿命。从图 7-15 也可以发现，在浮充循环末期，低阀压的蓄电池电导迅速下降，电池容量也相应的表现出明显下降的趋势。而阀压较高的蓄电池失水率一直比较平稳，电导衰减率也较为平缓，具有更长的浮充使用寿命。但是，需要指出的是，过高的安全阀压会导致蓄电池内部压强过大，增加电池膨胀的风险。在实际应用中，不同的电池类型对应不同的安全阀压。根据 GB/T 19638.1—2014 的规定，阀控密封式铅酸蓄电池的安全阀应在 1～49kPa 的范围内可靠地开启和关闭。这个安全阀压范围比较大，为了获得更长的蓄电池使用寿命，安全阀压范围可以进一步缩小到 10～30kPa 之间。

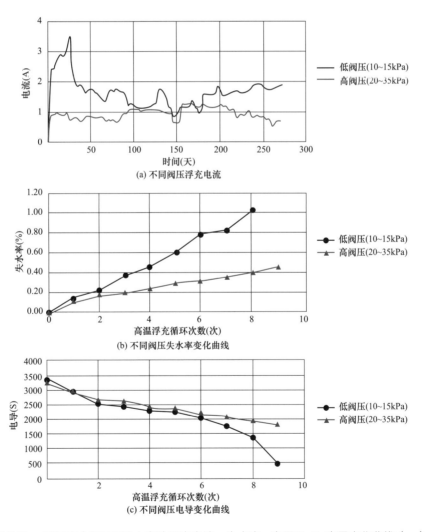

图 7-15　不同安全阀压 VRLA 电池浮充电流、失水率、电导及 C_3 容量变化曲线（一）

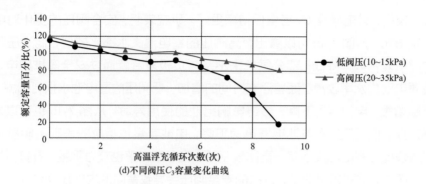

图 7-15　不同安全阀压 VRLA 电池浮充电流、失水率、
电导及 C_3 容量变化曲线（二）

7.6　电解液密度的影响

硫酸在铅酸蓄电池中除了作为电解液导电外，硫酸根还同时作为反应物参与反应。根据能斯特方程可知，蓄电池的电压与硫酸的浓度有关。高浓度的电解液对正极容量有利，在放电截止电压、放电电流、环境温度等条件相同的情况下，使用高浓度电解液的蓄电池能释放出更高的容量。但电解液浓度超过一定限度时，电解液的黏度增大，流动性下降，电阻增大，同时电解液对板栅的腐蚀也会加剧。

为了研究电解液浓度对 VRLA 蓄电池浮充寿命的影响，选取了 1.280g/cm³、1.304g/cm³ 及 1.320g/cm³ 3 种不同酸密度的电解液，设计制备成 VRLA 电池，并通过 60℃浮充耐久性试验进行性能比较。图 7-16 所示为这 3 种不同酸密度 VRLA 蓄电池的浮充电流、失水率、电导及 C_3 容量变化曲线，不同酸密度条件下 VRLA 电池的浮充电流相近，尤其是在前 200 天，3 种蓄电池的浮充电流基本相当。但蓄电池失水率变化趋势和电导率均与酸密度息息相关，酸密度越低，蓄电池失水率增大越快；反之，酸密度较高的蓄电池失水率增长比较缓慢；酸密度较低的蓄电池具有更高的电导，并且电导下降趋势比较平缓，酸密度为 1.320g/cm³ 的蓄电池电导较低，且在 4 次循环后电导加速衰减。在蓄电池容量方面，酸密度越高，蓄电池初始容量越高，但其容量衰减也越快。酸密度为 1.320g/cm³ 的 VRLA 电池初始容量最高，达到了额定容量的 142%，但仅进行了 7 次高温循环，蓄电池容量就已经衰减到额定容量的 80% 以下。而酸密度为 1.280g/cm³ 的蓄电池虽然初始容量只有额定容量的 124%，但其容量保持的比较平稳，经过 11 个高温浮充测试周期后才失效，设计使用寿命可达 11 年。这主要是由于电解液酸密度的增加加速了对蓄电池隔膜板栅等部件的腐蚀，从而影响电池的浮充寿命。用户在选择蓄电池的时候，应要求供应商选择合适的电解液浓度，要获得较长的蓄电池浮充使用寿命时，应要求采用较低密度的电解液，警惕一些供应商为了使初始容量达标而提高电解液密度，损害蓄电池寿命的行为。

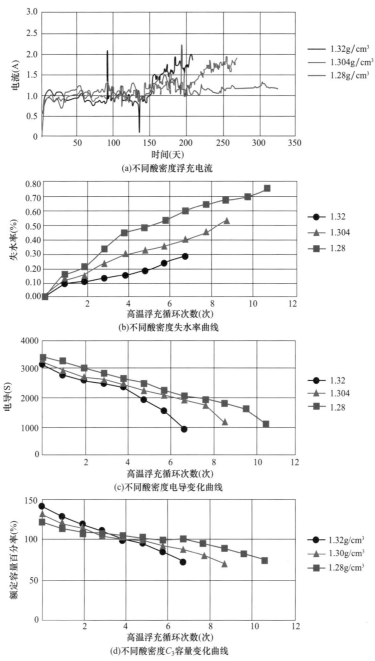

图 7-16　不同电解液密度 VRLA 电池浮充电流、失水率、电导及 C_3 容量变化曲线

7.7　电解液饱和度的影响

电解液饱和度为 AGM 电池关键性参数，主要指满充电状态电解液填充 AGM 隔板孔率的值。电解液饱和度是影响 VRLA 电池内部氧复合的关键因素。蓄电池内部氧复合是指正极产生的氧气通过隔膜中的孔道扩散到负极，与负极中的铅进行复合。电解液的饱和

度决定着隔膜中可供氧气通过的孔道数量，会影响氧气通过隔膜的难易程度，直接影响氧复合反应速率。由于负极氧复合需要逆向的充电电流，这会使得负极的电压向正方向偏移，在恒压条件下会导致正极处于更高的浮充电压。当电解液饱和度较大时，隔膜中氧气通过的孔道较少，氧复合程度较低，会造成正极电压偏低，正极充电不足，氧气在蓄电池内部聚集，压力增大，最终通过气压阀跑出，增大电池失水率。当电解液饱和度较小时，隔膜中的氧通道较多，氧气复合程度较高，同时会引起浮充电流增大，正极板更容易受到腐蚀变形。

图 7-17 展示了不同电解液饱和度 VRLA 蓄电池在高温浮充加速老化试验中的浮充电流、失水率、电导及 C_3 容量变化曲线。如图 7-17 所示，电解液饱和度较低的蓄电池浮充电流较大，内部氧复合反应速率较高。而饱和度较大或者是富液状态下的蓄电池由于隔膜中氧气孔道被电解液堵塞，氧复合反应速率小，浮充电流较小。90％的饱和度的电池具有最大的浮充电流，100％饱和度的电池次之，105％饱和度的电池初始浮充电流值最小。从失水率曲线看，105％饱和度的电池由于氧复合反应较差，大量气体通过安全阀跑到蓄电池外部，初始失水较为严重。循环一段时间后，由于失水电池内部饱和度下降，氧复合反应逐渐增大，电池失水速率减小，相应的浮充电流也同时下降，接近于 100％电解液饱和度的电池。饱和度低的蓄电池在较大的浮充电流环境下运行，会引起电池正极板栅腐蚀加剧、活性物质软化以及负极硫酸盐化等问题，从而导致蓄电池容量迅速衰减，电池失效。饱和度为 90％的蓄电池 60℃浮充耐久性试验在 3 个循环周期后，电池的 C_3 容量已经衰减到 80％以下。而饱和度为 100％的电池和 105％的电池 60℃浮充耐久性试验循环周期分别可以达到 9 次和 10 次。

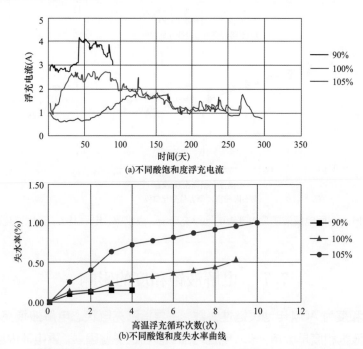

图 7-17　不同饱和度 VRLA 电池浮充电流、失水率、电导及 C_3 容量变化曲线（一）

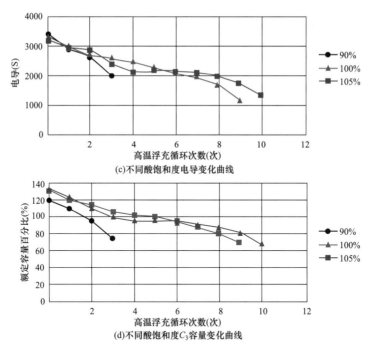

(c)不同酸饱和度电导变化曲线

(d)不同酸饱和度C_3容量变化曲线

图 7-17　不同饱和度 VRLA 电池浮充电流、失水率、电导及 C_3 容量变化曲线（二）

电解液饱和度是影响电池浮充寿命的一个重要因素。当电解液饱和度过低时，电池内部氧复合过大，容易引起电池板栅腐蚀，活性物质失效，从而降低电池寿命。当电解液饱和度过高时，会引起电池氧复合减小，失水增大，在循环一定时间后，电池饱和度能够自动调节至正常范围。但是，过高的酸饱和度会使得电池中存在大量的游离酸，增大电池酸雾产生以及漏酸的风险。因此，应尽量通过计算以及多次验证保证电解液添加量处于最佳状态，一般饱和度在 100% ±2% 为宜。

7.8　蓄电池中杂质含量的影响

铁离子和氯离子是生产过程中最容易进入到蓄电池内部的杂质离子，铁离子的引入容易加剧电池的自放电，而氯离子的引入会导致铅合金腐蚀加剧。为了考察上述两种离子对电池性能的影响，采用模拟电池电解液中添加不同浓度杂质离子进行试验。

（1）采用 2Ah 正、负极板组装 2 正 3 负模拟电池（见图 7-18），将不同杂质浓度的硫酸溶液作为模拟电池的电解液。

（2）Fe^{2+} 杂质电解液（$FeSO_4$）。Fe^{2+} 浓度含量分别为 0、0.005%、0.010%、0.025%、0.050%。

（3）Cl^- 杂质电解液（NaCl）。Cl^- 浓度含量分别为 0、0.005%、0.010%、0.025%、0.050%。

（4）将模拟电池在 2.45V 的电压下充电 10 天，测试一次 C_3 容量，循环至电池容量小于额定容量 80%，研究极板 Fe^{2+}、Cl^- 杂质含量对电池寿命的影响。

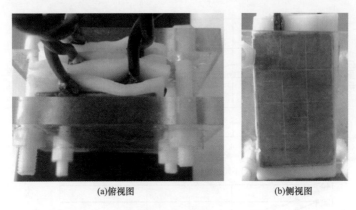

(a)俯视图　　　　　　　　　　　(b)侧视图

图 7-18　模拟电池

7.8.1　铁离子的影响

图 7-19 展示了不同铁离子含量的 VRLA 电池（2V-3.2Ah 试验电型池）浮充电流及 C_3 容量变化曲线。如图 7-19 所示，铁离子含量较小时，电池浮充电流及容量变化不大；只有当添加量大于 0.025% 时，电池浮充电流增大，浮充寿命降低。从试验结果来看，电池浮充寿命会受到铁离子浓度的影响，但不是十分敏感。

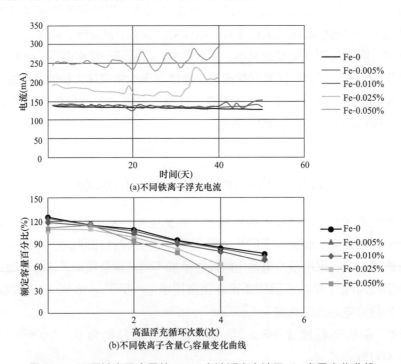

(a)不同铁离子浮充电流

(b)不同铁离子含量C_3容量变化曲线

图 7-19　不同铁离子含量的 VRLA 电池浮充电流及 C_3 容量变化曲线

7.8.2　氯离子的影响

图 7-20 展示了电池电解液内氯离子含量从 0～0.050% 不等的 VRLA 电池在高温浮充

老化试验中的浮充电流及 C_3 容量变化曲线。很明显，随着氯离子含量的增加，尤其是当氯离子含量超过 0.005％以后，蓄电池浮充电流增大，且 C_3 容量衰减速度加快，这表明氯离子对蓄电池浮充寿命有不良影响。这是由于氯离子会与铅发生络合反应，从而加剧板栅合金的腐蚀，缩短蓄电池寿命。因此，为提高 VRLA 电池的浮充寿命，应尽量减小氯离子在蓄电池电解液中的含量，推荐控制氯离子含量小于 0.002％。行标中要求的稀硫酸中氯的质量分数小于或等于 0.0001％，实际电池中极板、壳体、隔板不可避免会有杂质离子引入，通常高于行标要求。

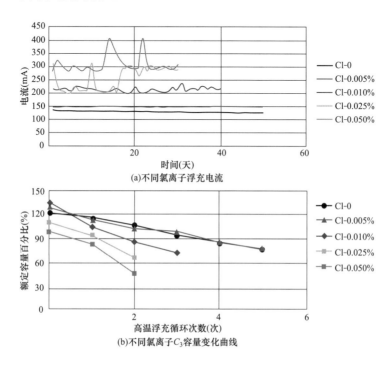

图 7-20　不同氯离子含量的 VRLA 电池浮充电流及 C_3 容量变化曲线

铅酸蓄电池
寿命评估及延寿技术

铅酸蓄电池运维工况对
浮充寿命的影响

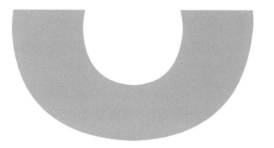

8.1 环境温度的影响

VRLA 电池是一种对环境温度极为敏感的电池，电池的容量和寿命会随着温度的变化而改变。图 8-1 给出了 VRLA 电池容量随环境温度的变化曲线。从图 8-1 中可以看出，环境温度越高，电池活性越高，放电能力也越优异，容量会有相应的增加。但是当温度超过 25℃以后，温度的继续升高反而会引起电池的使用寿命缩短。目前，变电站使用的 VRLA 电池大多要求控制温度在 20～25℃，考虑到南方地区的气候环境，要求在蓄电池室安装防爆空调以保证给蓄电池提供合适的温度环境。

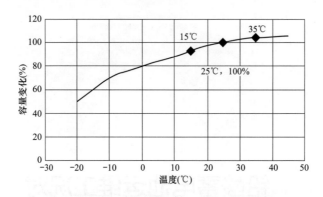

图 8-1　VRLA 电池容量随着环境温度的变化曲线

图 8-2 和图 8-3 展示了不同环境温度下的 VRLA 电池浮充电流和浮充寿命变化曲线。如图 8-2 所示，随着环境温度的升高电池的浮充电流增大。从电池浮充寿命来看，25℃条件下蓄电池浮充寿命最长，能够运行近 10 年。当环境温度为 35℃时，电池使用寿命仅缩短为 4 年，相较于 25℃环境温度下的使用寿命减小了一半。体现在电池内部，这是高温提高了化学反应活性，板栅被硫酸腐蚀速度加快，电解液损耗加快。在电池外部特性的体现就是自放电加剧，浮充电流相应增大。当温度为 15℃时，温度相对较低，电解液流动性下降，化学反应放缓、反应不充分，使得放电容量低于 25℃时额定容量，同时电池的使用寿命也略微下降，大约为 9 年。

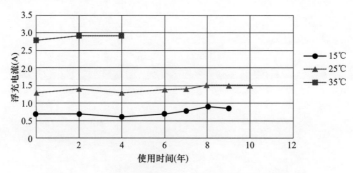

图 8-2　不同环境温度下 VRLA 电池浮充电流曲线

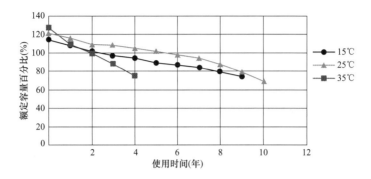

图 8-3　不同环境温度下 VRLA 电池浮充寿命变化曲线

因此，为延长 VRLA 电池的使用寿命，必须严格控制电池运行的环境温度，尤其要避免蓄电池在高温下运行。VRLA 电池运行的最佳环境温度为 25℃ 左右，在条件允许的情况下，蓄电池室应安装空调设备并将温度控制在 20～25℃。这不仅可减少蓄电池热失控发生的概率，降低电池失水速率，延长蓄电池的寿命，而且可使蓄电池释放出最佳的容量。

8.2　浮充电压的影响

在变电站中，VRLA 电池长时间处于浮充电运行状态，目的是使蓄电池随时处于满容量状态备用。浮充电压是 VRLA 电池浮充运行工作的关键参数。正确选择浮充电压可以有效补偿电池自放电，维持电池内部氧复合循环的需要，使电池工作在最佳状态，从而延长其使用寿命。如果电池浮充电压过高，浮充电流随之增大，会引起电解液干涸，加快板栅腐蚀速度，缩短电池使用寿命。反之，如果电池浮充电压过低，电池不能维持充足电的状态，则会引起电池负极极膏的不可逆硫酸盐化，活性物质的减少导致电池容量逐渐减少，也会缩短电池的使用寿命。因此，必须合理设定 VRLA 电池的浮充电压值。

图 8-4～图 8-7 分别展示了 VRLA 电池在 2.23V、2.25V 以及 2.27V 不同的浮充电压下进行高温浮充时，蓄电池浮充电流、失水率、电导和 C_3 容量变化曲线。从图 8-4 和图 8-5 中可以发现，VRLA 电池的浮充电流和失水率会随着浮充电压的增大而增大。从浮充循环寿命来看，2.25V 电压下浮充的电池具有最长的循环次数，这是由于 2.27V 浮充电压较高，会加速电池板栅的腐蚀；而 2.23V 浮充电压较低无法满足电池自放电和氧复合电流，会引起电池硫酸盐化。因此，合理设定 VRLA 电池的浮充电压值对于延长电池的浮充使用寿命具有重要的意义。

必须说明的是，不同生产商制造的蓄电池由于配方和制造工艺的差异，最佳浮充电压可能也会略有差别，建议根据厂家提供的浮充电压值进行设置。另外，充电机和蓄电池组之间的直流电源母线如果由于线路过长、接触不良等原因，导致过大的电压降，也会降低蓄电池的浮充电压，从而影响使用寿命。最后，电池的一致性也会引起单体蓄电池浮充电压偏离设置值，从而导致个别蓄电池的提前失效，具体影响将在下一节详细论述。

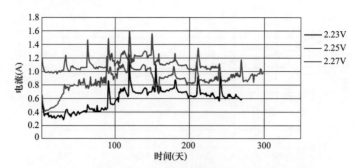

图 8-4 不同浮充电压下 VRLA 电池浮充电流变化曲线

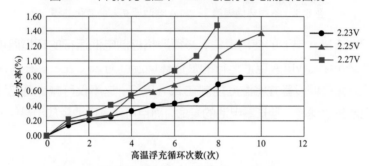

图 8-5 不同浮充电压下 VRLA 电池失水率变化曲线

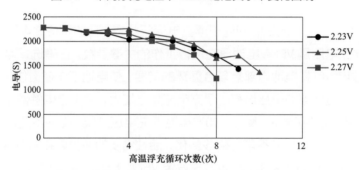

图 8-6 不同浮充电压下 VRLA 电池电导变化曲线

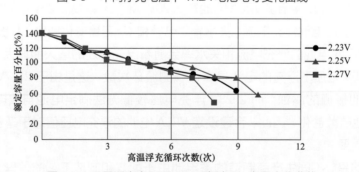

图 8-7 不同浮充电压下 VRLA 电池 C_3 容量变化曲线

8.3 电池一致性的影响

铅酸蓄电池电极材料的配方、制造、安装工艺等不一致因素，导致了蓄电池性能的离散性。在变电站中一般采用蓄电池串联成组使用，电池之间存在不一致性。这种不一致性又使充、放电状态下的电压产生差异，且会随着充、放电的循环往复，不一致性差异会不断增大，形成个别落后电池，最终导致整组电池失效。

当 VRLA 蓄电池成组使用时，应根据电池的容量、开路电压和内阻等参数对其进行严格的配组。本章内容选取了两组电池进行高温加速浮充寿命测试，电池组性能如表 8-1 所示，其中 A 组电池一致性较好，容量偏差小于 1%，开路电压差值小于 10mV；B 组电池一致性较差，容量偏差约为 17%，最大开路电压差值为 58mV。

表 8-1　　　　　　　　不同一致性电池组 C_{10} 容量、电导和开路电压参数

项目	编号	C_{10} 容量（Ah）	电导（S）	开路电压（V）	一致性
电池组 A	A-1	355	2290	2.177	好
	A-2	353	2289	2.175	
	A-3	351	2280	2.176	
偏差		1.1%	0.4%	2mV	
电池组 B	B-1	360	2310	2.179	差
	B-2	346	2250	2.165	
	B-3	308	2058	2.121	
偏差		17%	11%	58mV	

为考察电池一致性对电池组浮充寿命的影响，对两组电池进行了高温加速浮充寿命测试。图 8-8 所示为两个蓄电池组均充末期电压、浮充电压及放电结束电压变化图。不难看出，一致性较好的 A 组电池，3 只电池的均充末期电压、浮充电压及放电结束电压都十分接近。而一致性较差的 B 组电池，3 只电池的均充末期电压、浮充初期电压及放电结束电压偏差较大，且随着循环的进行差异逐渐增大。一方面落后电池 B-3 浮充和均充时的电压远小于最佳值，处于长期欠充状态。同时，电池 B-3 放电时电压低于 1.8V，5 次循环后更下降到 1.58V，处于过放电状态。长期处于欠充电、过放电状态会大大缩短电池 B-3 的使用寿命。另一方面，由于电池 B-3 浮充电压较低，因此电池 B-1 和 B-2 会分担更高的电压，根据本章 8.2 节的介绍可知，在高浮充电压下容易引起电池板栅腐蚀及加速失水，也会缩短电池 B-1 和 B-2 的使用寿命。

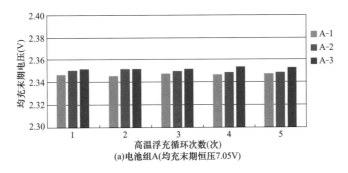

图 8-8　不同一致性电池组均充末期电压、浮充电压及放电结束电压变化图（一）

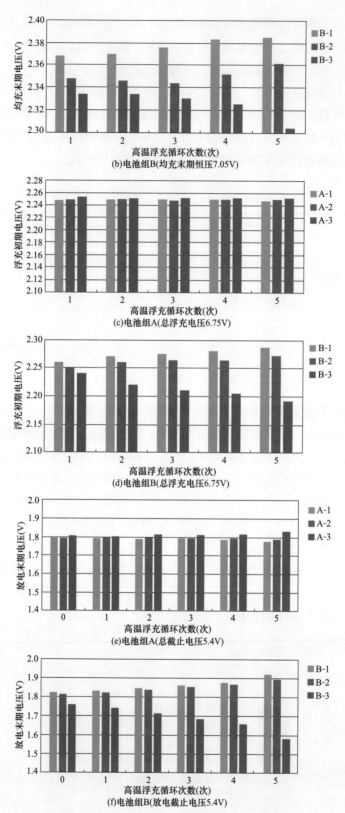

图 8-8　不同一致性电池组均充末期电压、浮充电压及放电结束电压变化图（二）

　　除此之外,本部分还进一步考察了电池一致性对电池组浮充电流、失水率、电导和 C_3 容量的影响。图 8-9 ~ 图 8-12 展示了这两组一致性不同的蓄电池组浮充电流、失水率、电导和 C_3 容量变化曲线。从图 8-9 中可以看出,一致性较差的电池组 B 浮充电流更大,其原因是由于电池组中的 B-1、B-2 电池具有更高的浮充分压,相应的其失水率明显高于其他电池。从电导变化来看,电池组 A 具有较好的电导特性,并且电导减小缓慢。相反,电池组 B 电导衰减较快,尤其是落后电池 B-3,欠充和过放的使用模式使得其内阻迅速增大,电池电导显著下降。经 5 次循环测试后,电池组 B 的容量衰减迅速,电池容量已经低于额定容量的 80%。电池组 A 的容量则保持较好,10 次循环后电池容量才低于额定容量的 80%。

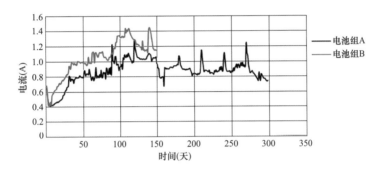

图 8-9　一致性不同的蓄电池组浮充电流变化曲线

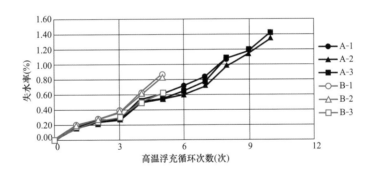

图 8-10　一致性不同的蓄电池组浮充失水率变化曲线

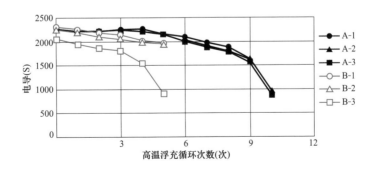

图 8-11　一致性不同的蓄电池组电导变化曲线

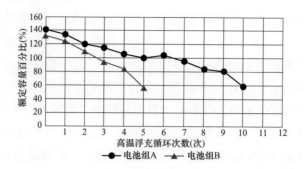

图 8-12　一致性不同的蓄电池组 C_3 容量变化曲线

从某电网公司变电站站用电源的运行现况来看，部分蓄电池组存在比较严重的单体间浮充电压不一致问题。图 8-13 和图 8-14 分别是蓄电池在线监测系统采集到的两个变电站蓄电池组的实时浮充电压数据。其中，某甲变电站蓄电池组的一致性较差，54 只蓄电池的平均浮充电压为 2.255V，最高和最低的浮充电压差值达 0.31V。最高浮充电压为 2.424V，甚至超出了均充电压值；最低的则仅为 2.114V，处于严重欠充状态。相比之下，某乙变电站的蓄电池组具有很好的一致性。54 只蓄电池的平均浮充电压为 2.236V，其中最高 2.249V，最低 2.220V，最大偏差仅为 0.72%。

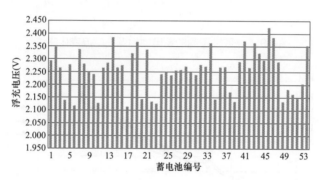

图 8-13　某甲变电站蓄电池组在线监测的浮充电压数据图

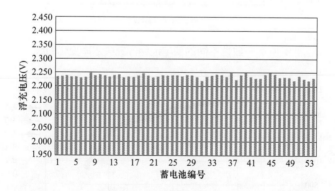

图 8-14　某乙变电站蓄电池组在线监测的浮充电压数据图

由于蓄电池组一般是数十个甚至上百个单体电池串联使用，如果蓄电池内阻一致性不合格，分配到每个单体电池的浮充电压就必然有高有低，偏离设置的浮充电压值，这个差异还会随着使用时间的增加而增大。

由此可见，电池一致性是影响铅酸蓄电池组浮充寿命一个关键性因素，必须做好蓄电池组的品控工作。在电池成组时需要综合考虑电池的容量、电导（电阻）及开路电压等参数的一致性，建议成组时保证单体电池间容量和电导偏差小于 5%，开路电压之差小于 20mV。此外，在运行过程中，对浮充电压偏离较大的蓄电池及时进行调整也可以避免其提前失效。

8.4 存储条件的影响

铅酸蓄电池在贮存期间会发生自放电现象，该现象本质上是由于正、负极活性物质在硫酸介质中处于热力学不稳定状态，它们会自发地转变为放电产物。其正负极自放电反应如下。

正极为

$$PbO_2 + H_2SO_4 \longrightarrow PbSO_4 + H_2O + 1/2O_2$$
$$PbO_2 + Pb + 2H_2SO_4 \longrightarrow 2PbSO_4 + 2H_2O$$

负极为

$$Pb + H_2SO_4 \longrightarrow PbSO_4 + H_2$$

因此，随着储存时间的增长，电池容量会缓慢下降，正负极活性物质逐渐转化为 $PbSO_4$ 晶体。当长时间放置时，$PbSO_4$ 晶体会逐渐长大，形成大块不可逆的 $PbSO_4$ 晶体，从而引起电池容量衰减。

图 8-15 所示为 VRLA 电池在满充电状态下储存的自放电曲线（25℃）。如图 8-15 中所示，VRLA 电池容量的保持率随着放置时间的延长而逐渐降低。当放置一年时，其容量保持率下降为初始容量的 94%。

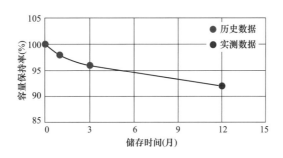

图 8-15　VRLA 电池在满充电状态下储存的自放电曲线（25℃）

通过将满充电后储存 0 个月和 12 个月的 VRLA 电池进行解剖，检测其正负铅膏成分，结果如表 8-2 所示。分析表中数据可知，储存了 12 个月后的电池正、负铅膏中 $PbSO_4$ 比率均有所升高，尤其是极板的下部，正极板下部的 PbO_2 含量由原来的 94.60%

下降至 70.54%，损失的 PbO_2 转变成了 $PbSO_4$；而负极中 $PbSO_4$ 含量从 1.82% 上升至 22.10%。

表 8-2　　　　　　　　　　VRLA 电池储存前后正负极铅膏成分表

项目		储存 0 个月	储存 12 个月
正极 PbO_2 含量	上部	94.60%	89.63%
	下部		70.54%
负极 $PbSO_4$ 含量	上部	1.82%	3.03%
	下部		22.10%

为了进一步分析 VRLA 电池储存前后正负极铅膏的变化，对其物相组成和微观形貌进行了分析。图 8-16 和图 8-17 分别是 VRLA 电池储存前后正、负极铅膏的 SEM 和 XRD 图。从 SEM 图像中可以看出，储存 12 个月后电池正、负极铅膏中均出现了大块的 $PbSO_4$ 晶体，这在储存 0 个月时的电池极膏中是不存在的，说明是在储存过程中生长出的晶体。从图 8-17 中可以发现，相比于存储 0 个月时的极膏 XRD 谱图，存储 12 个月后电池正、负极铅膏 XRD 谱图中都出现了显著的 $PbSO_4$ 晶体特征峰。结果表明，经长时间的储存后，电池由于自放电使得其长期处于欠充状态，引起正、负极铅膏的硫酸盐化，导致电池容量发生衰减。

(a)正极, 0月　　　　　　(b)正极, 12月

(c)负极, 0月　　　　　　(d)负极, 12月

图 8-16　VRLA 电池存储前后正、负极铅膏 SEM 照片

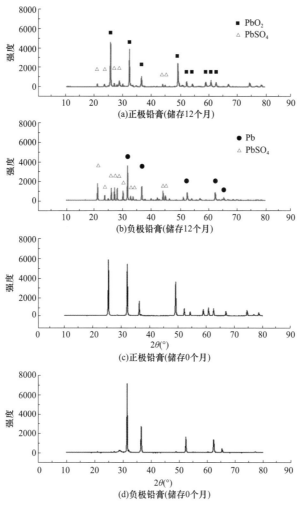

图 8-17　VRLA 电池存储前后正、负极铅膏 XRD 曲线

　　此外，本章还研究了不同荷电态下放置后电池容量保持率的变化情况。图 8-18 给出了不同荷电态下储存的 VRLA 电池容量恢复率（储存时间：1 个月；温度：25℃）。从图 8-18 中可以发现，100％荷电态储存的电池，充满电后放出的电容量基本等于初始容量；50％荷电态储存的电池容量有轻微衰减，容量为初始容量的 96％，而以 0％荷电态存储的电池容量有显著下降，第一次充电后容量仅为初始容量的 37％。这表明电池存储的荷电态对于电池的容量恢复率有显著的影响。荷电态越低，电池储存过程中活性物质越容易发生不可逆的硫酸盐化，从而使得电池容量无法恢复，最终引起电池失效。

　　在长时间的储存过程中，由于自放电的因素，VRLA 电池的荷电态不断降低。长时间放置后相当于在较低荷电态下放置，不可逆硫酸盐化过程加剧，电池容量恢复率降低，最终引起电池容量失效。因此，在 VRLA 电池长时间存储过程中需要对电池进行补充电维护，使得铅酸电池保持在一个较高的荷电态，避免由于电池不可逆硫酸盐化，引起电池容量损失。通常 VRLA 电池在 25℃温度下允许存储 3 个月，最大不超过 6 个月，当超出这个时间则需要对电池进行补充电维护。

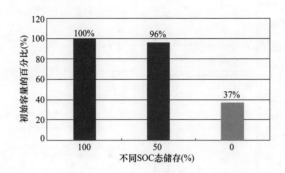

图 8-18　不同荷电态下储存的 VRLA 电池容量恢复率（储存时间：1 个月；温度：25℃）

铅酸蓄电池
寿命评估及延寿技术

铅酸蓄电池修复再生技术

9.1 铅酸蓄电池修复再生技术概况

铅酸蓄电池具有技术成熟、单体容量大、价格低、安全性高等突出优点，应用领域非常广泛，在电力、通信、铁路、牵引、IT网络、汽车启动等诸多领域都有应用。20世纪90年代开始，阀控密封式铅酸蓄电池以其"免维护"的特点开始得到广泛应用，目前已成为我国变电站用直流电源的主流选择。变电站用VRLA电池的设计寿命在10~12年，但是由于产品质量差异、运维人员不足、维护不当、滥用等原因，实际运行寿命一般为5~7年。根据行业标准DL/T 724—2000《电力系统用蓄电池直流电源装置运行与维护技术规程》中6.3.3的规定："若经过3次全核对性放电，蓄电池组容量均达不到额定容量的80%以上，可认为此组阀控蓄电池使用年限已到，应安排更换"。现阶段，大量的铅酸蓄电池一经报废便不再利用，在污染环境的同时也造成了极大的能源浪费。有关数据显示，我国每年报废的铅酸蓄电池中有5000万只以上是可以进行修复使用的。事实上，退运的蓄电池还有相当可观的剩余容量，如果能够加以修复，可以继续利用，或修复后在对可靠性要求较低的场合进行梯次利用。这样可以提高蓄电池的利用率，降低其回收频率，从而减少对环境的污染，具有积极的经济效益和社会意义。

9.1.1 常见的蓄电池修复方法

铅酸蓄电池失效主要有板栅腐蚀、汇流排腐蚀、短路、开路、热失控、失水及硫酸盐化等。其中，针对硫酸盐化引起的蓄电池失效问题，业界开展了很多修复技术研究，大体可分为化学方法和物理方法。常见的蓄电池修复方法有水疗法、大电流充电法、脉冲修复法、化学除硫法、电化学法等。

9.1.1.1 水疗法

水疗法是通过向蓄电池内加水来稀释酸液，使酸密度降低到 $1.1g/cm^3$ 以下，从而提高硫酸盐的溶解度，采用小电流长时间充电以降低欧姆极化、延缓水分解电压的提早出现，最终使硫化现象在溶解和转化为活性物质中逐渐减轻或消除。

该方法适用于蓄电池极板轻度硫化，通过加水将电解液稀释到 $1.1g/cm^3$ 以下，在蓄电池硫酸溶液温度为 30~40℃ 的范围内，对蓄电池进行小电流充电活化（充电电流小于20h率电流 I_{20}），容量可能得以恢复。最后在充足电的情况下，用稍高电解液调整电池内的电解液密度至标准规定的溶液浓度。

该方法对轻度硫酸盐化的铅酸蓄电池有一定的修复效果，但对硫酸盐化较为严重的蓄电池修复效果不佳，另外活化时间较长、酸密度调控比较困难。

9.1.1.2 大电流充电法

大电流充电法就是用电流密度达 $100mA/cm^2$ 以上的电流对铅酸蓄电池进行充电活化。在大电流下，蓄电池负极可以达到很低的电势值，远离零电荷点，改变了电极表面带电的符号，表面活性物质会发生脱附，特别是对阴离子型的表面活性物质，这种有害的表面活性物质从电极表面脱附以后，就可以使充电顺利进行了。

其缺点是高电流密度下蓄电池极化和欧姆压降增加，使活化过程中放热量大，蓄电池内部温度升高，同时蓄电池内部大量气体析出，尤其是正极析出的大量气体，其冲刷作用易使活性物质脱落。

9.1.1.3　脉冲修复法

一直以来，采用物理手段解决铅酸蓄电池极板硫酸盐化问题是人们的主流思想，而脉冲修复技术则是其中研究的热点。脉冲修复技术研究已有数十年，但是一直未被大规模推广使用，究其原因是因为传统的脉冲修复技术存在的致命缺陷是对蓄电池极板造成伤害，使用寿命短。脉冲修复技术的改进主要是围绕如何提高脉冲修复效率和降低对极板的伤害两个方面进行，目前主要的脉冲修复技术有以下 3 种：

（1）负脉冲修复。负脉冲修复技术应用至今已有 30 多年的历史，其工作原理是在充电电流中加入变频负脉冲，可以有效降低蓄电池在充电过程中的温升现象，但对于消除蓄电池硫化并不能起到很好的效果，一般的蓄电池经过负脉冲的修复，容量提升不明显，修复率低于 20%。

（2）高频脉冲修复。高频脉冲修复技术是在充电过程中增加高频脉冲电流，可以使硫酸铅结晶转化为晶体细小、电化学活性较高的可逆硫酸铅，使其更易参与蓄电池内部电化学反应，修复率一般在 40% 左右，比负脉冲修复效果好，但是脉冲修复存在很大的缺陷：脉冲与蓄电池极板的谐振取决于脉冲频率大小、幅度宽窄，脉冲频率和幅度不够就达不到消除硫酸铅结晶的效果，频率和幅度太大则会损伤电极板，并出现析气现象，且修复效率较低，通常需要数十个小时，有的甚至需要一周的时间。优点是技术比较简单，现在一些厂家因其方法简单而使用，并开始量产。

（3）复合式谐振脉冲修复。该技术的主要原理是对修复过程中的前沿脉冲进行控制，使其在充电过程中产生多种高次谐波，利用高次谐波与大小不一的硫酸铅晶体产生谐振，使硫酸铅晶体破解，从而达到修复目的。该修复方法的修复效率比较高，修复时间比高频脉冲技术短，并减小了对铅酸蓄电池的损伤，但是尚未见修复后使用寿命的研究或证明材料，目前仍处于实验室试验阶段。

针对航空铅酸蓄电池，Karami 提出了一种基于在充电过程中对铅酸蓄电池电压、电流、内阻监测的去除硫化的方法。这种方法只有在蓄电池内阻不低于某一临界数值时才有效。但是绝大多数废旧航空铅酸蓄电池硫化比较严重，电池内阻的大小具有不确定性，使上述方法的使用受到了极大的限制。孙召、冯仁斌、邓翔等人提出了一种反向充电的方法。在反向充电过程中，积累在负极的大量硫酸铅晶体被转化成氧化铅，通过下一阶段的直接放电，得到的氧化铅将被转化为活性较高的硫酸铅，这样有效避免了硫酸铅晶体在充放电循环过程中的大量堆积。但是脉冲反向充电法设备复杂，成本较高，且去除硫酸铅晶体的效率不是很高。

针对负脉冲、高频脉冲修复等脉冲修复技术存在的缺陷，韩智斐、林涛等人提出了一种变幅脉冲均衡充电技术：先用大电流恒流充电至额定容量的 70% 左右，然后开始脉冲充电。脉冲充电时正脉冲电流有电池电压与充电电压的压差成正比关系，而负脉冲电流变化很小，形成三合一（均衡、脉冲、频率）均衡脉冲充电法，可对已产生硫化的极板进行修复，同时也可有效阻止硫酸铅晶体的产生。

9.1.1.4 化学添加剂除硫法

对硫化的铅酸蓄电池，加入硫酸钠、硫酸钾、酒石酸等物质的混合水溶液，进行正常充放电几次之后，倒出混合水溶液，加入稍高密度的硫酸溶液调整蓄电池内酸液至标准浓度。

加入的混合溶液，可与很多金属离子，包括硫酸盐形成配位化合物。形成的化合物在酸性介质中是不稳定的，不导电的硫化层将逐步溶解返回到溶液中。采取化学方法消除硫酸铅结晶，不仅成本高，增加电池内阻，并且还改变了电解液的组成，修复后蓄电池的使用期较短，副作用较大。

（1）磷酸及其盐类：磷酸及其盐类加到电池的正极板或电解液中，可以减少正极板活性物质的脱落，减缓正极板软化的程度，提高蓄电池的循环寿命。但添加后会使电池的初期容量下降，电池的低温性能变差，并且容易短路。

（2）硫酸羟胺：在蓄电池使用到剩余容量 70％时，向电解液中加入浓度为 0.5％～1％的硫酸羟胺，可以提高蓄电池的容量，延长后续使用寿命，但不要过早的加入。

（3）硫酸钴：向电解液中加入硫酸钴可以提高铅酸蓄电池的使用寿命。因为钴离子可以使板栅腐蚀膜密度增大，从而使板栅和活性物质的结合增强，抑制正极活性物质的软化脱落；另外钴离子对二氧化铅的晶型结构也有影响。

9.1.1.5 电化学法

电化学法是近几年来新兴的蓄电池修复技术。一直以来，采用物理方法解决极板硫酸盐化问题，是人们研究的主流思想，电化学法的出现为解决硫酸盐化问题提供了一种崭新的思路。

电化学法的原理是对发生硫酸盐化的铅酸蓄电池，加入能与硫酸铅形成配位或络合、对其电化学活性形成催化效果的添加剂（一般称为修复液），并施加一个充电电压（也叫活化电压），促使硫酸铅晶体发生分解反应。该方法的特点是充电电压比脉冲修复技术的电压低很多，一般只比均充电压略高，并采用恒流-恒压-涓流的三段式充电方式，对电池基本没有伤害，因此修复后的铅酸蓄电池使用寿命长，采用该方法可以有效溶解硫酸铅晶体，因此该方法修复的蓄电池容量恢复效果显著。但是该方法对加入的修复液要求非常高：一方面要求能有效促进硫酸铅晶体的分解；另一方面又不能影响蓄电池内部的反应机理，使蓄电池自放电率受到影响。目前，修复液配方都是保密的，不同厂家的配方不同，修复效果差异很大。

图9-1所示为一种使用高分子修复液的电化学法修复原理示意图。向待修复的蓄电池内加入一种高分子导电修复液，该导电修复液 pH 值为 7，具有良好的导电性能，导电高分子和硫酸铅晶体络合，起到电催化的作用，当对蓄电池施加活化电压时，硫酸铅晶体重新分解为 Pb^{2+} 和 SO_4^{2-}，Pb^{2+} 在负极板上被还原为 Pb 活性物质，SO_4^{2-} 回到电解液中。在活化过程中，以标称电压为 2V 的单体为例，充电电流限定为 I_{10}，施加的活化电压（充电电

压）为2.55V，比均充电压略高，短时间内充电不会对蓄电池造成损坏，通过考察修复蓄电池的自放电率验证加入的导电高分子并不影响蓄电池的原有反应机理和反应速率。

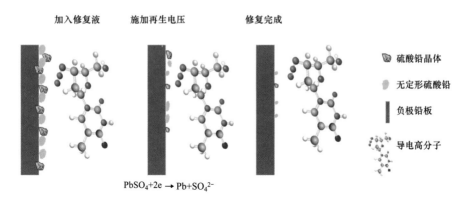

图 9-1　电化学法修复过程示意图

水疗法、大电流充电法、化学添加剂除硫法、脉冲修复法虽然存在一定的缺点，但是由于不同类型的蓄电池对修复效果的要求不同，这些方法仍有一定范围的应用。电化学法也已经在全国范围内进行了一定规模的试点应用，并取得了不错的效果。

9.1.2　蓄电池修复的意义

近年来，我国铅污染事件频发，而铅污染事件和当前国内铅酸蓄电池的生产、回收具有直接关系，铅酸蓄电池在生产和回收过程中会产生铅烟、铅尘及含铅废水等污染物，如果处理不当，会对环境造成较大的污染。

从铅酸蓄电池的生产流程中，废烟、废尘、废水、耗能贯穿于生产过程的始终，特别是铅粉制造——板栅铸造——极板制造——极板化成环节，产生大量酸性含铅污水、铅尘、铅渣、铅烟、酸雾，造成的污染大。

"十二五"期间，我国相继颁布多项政策规范铅酸蓄电池行业，提高行业的准入门槛，在我国环保部、国家发改委等9部委联合对铅酸蓄电池行业进行整治下，取缔关闭了一大批规模小、工艺技术落后、污染治理水平低、管理粗放的企业。目前，我国大规模的铅酸蓄电池企业有接近一百家，超威和天能是我国铅酸蓄电池行业最强的两家企业，不过占比也仅为8.56％、8.66％。从销售额来看，我国铅酸蓄电池行业的集中度并不高。

过去十几年来，我国铅酸蓄电池行业呈高速增长趋势，是全球第一大铅酸蓄电池生产国和出口国，2012年的铅酸蓄电池产量达17486.3万kVAh，较2011年增长了27％。我国也是铅酸蓄电池消费大国，铅酸蓄电池广泛应用于交通运输、通信、电力、铁路等行业，其中汽车启动电池、电动自行车用动力电池、后备电源三类约占消费总量的90％。由于铅酸蓄电池使用寿命相对较短，使用一段时间后必须更新，废铅酸蓄电池数量也相当惊人，中国2010年的废铅酸蓄电池数量已超过200万t。

但是，目前对环境危害比较严重的是废旧蓄电池的回收、拆解及冶炼这一过程。我国有组织的回收率不到30％，目前，我国相关的政策法规不健全，没有形成完善的铅酸蓄电池的回收制度和回收网络。大量的废旧铅酸蓄电池不是在规范、安全的方式回收的。尽管我国早已将废铅蓄电池列为危险废物名录，对它的贮存、运输、回收和处置都有着严格的规定，但在实际回收过程中，仍然存在多头回收、违法经营、无序竞争等问题，很大一部分废铅蓄电池通过个体回收商贩流入非法回收和处理环节，得不到安全、无害化的处理，成为重要的环境污染风险来源。

我国每年产生的废铅酸蓄电池总量约 400 万 t，根据铅酸蓄电池的成分构成分析可知，报废铅酸蓄电池中铅的含量约 280 万 t，超过 70% 的废旧铅酸电池虽有回收，但由于回收机制的不健全，个体户的泛滥，含铅酸液绝大部分直接倒掉，对环境造成巨大的伤害。

在这种国情下，采用铅酸蓄电池修复再生技术，延长其使用寿命，在很大程度上减少了每年铅酸蓄电池的报废率，降低了铅酸蓄电池的新增需求量，对环境保护，污染防治有非常重要的意义。

9.2　铅酸蓄电池单体修复再生

下面介绍一种是用高分子材料修复液的蓄电池修复技术。根据该公司的专利描述，修复液由氮化硅纳米粉体、聚 N-乙烯基吡咯烷酮、聚乙二醇、Na_2SiO_3、Na_2SO_4、Na_2CO_3、聚 3-氯丁烯、聚氨基硅氧烷、纳米碳、高岭土和去离子水等组成。

9.2.1　修复试验

以第 3 章中经过高温加速老化试验的 4 只铅酸蓄电池作为修复验证试验的对象，该蓄电池规格为 2V/300Ah，4 只蓄电池分别以 2.15～2.30V 的浮充电压在 60℃±0.5℃ 环境下进行了 10 个月的加速老化测试。经过老化后，1 号蓄电池的 3h 率放电容量 C_3 为 114.8Ah，内阻达到 1.066mΩ，2 号蓄电池的 3h 率放电容量 C_3 为 138.9Ah，内阻达到 1.143mΩ。1 号和 2 号蓄电池的 3h 率放电容量均已低于 $0.8C_{3r}$（即 180Ah，C_{3r} 为蓄电池的 3h 率额定放电容量），根据标准 GB/T 19638.1—2014 的规定，2 只电池均已失效。而 3 号和 4 号蓄电池在 3h 率放电时，已基本没有容量，蓄电池严重失效。这 4 只蓄电池在老化前后的容量和内阻信息见表 9-1。

表 9-1　　　　　　　　　　　修复试验样品蓄电池信息

电池编号	浮充电压（V）	新电池			老化后		
		C_3（Ah）	C_{10}（Ah）	内阻（mΩ）	C_3（Ah）	C_{10}（Ah）	内阻（mΩ）
1	2.15	262.1	327.7	0.514	114.8	231.9	1.066
2	2.20	261.9	336.4	0.488	138.9	279.3	1.143
3	2.25	289.1	366.1	0.518	7.2	147.2	2.387
4	2.30	274.2	341.3	0.513	0	13.9	2.915

注　C_{10} 为蓄电池的 10h 率放电容量。

进行修复时，先打开蓄电池安全阀，从排气孔中加入 300mL 修复液，静置 6～10h，在室温下对蓄电池进行完全充电。然后进一步利用过充电对蓄电池进行修复活化，具体步骤如下：

（1）用 $1.0I_{10}$（I_{10} 为 10h 率电流，300Ah 容量电池的 I_{10} 为 30A）恒流充电 5h，静置 0.5h。

（2）用 $0.8I_{10}$ 恒流充电 4h，静置 0.5h。

（3）用 $0.5I_{10}$ 恒流充电 5h，静置 1h。

（4）用 $0.3I_{10}$ 恒流充电 4h，结束充电。

（5）进行 10h 率核容放电试验，至单体蓄电池电压下降到 1.8V 停止。

（6）若蓄电池 10h 率容量未恢复至额定容量的 90% 以上，重复程序（1）~（5）再进行一次过充电活化，重复活化 3 次容量仍然不合格的视为修复失败。

9.2.2　修复效果验证

对修复后的蓄电池首先进行内阻测试和 10h 率放电容量测试，结果见表 9-2。经过修复以后，4 只蓄电池的内阻均有明显下降，1 号和 2 号蓄电池的内阻分别下降到 $0.717m\Omega$ 和 $0.822m\Omega$，降低了约 30%；3 号和 4 号蓄电池的内阻虽然也有所下降，但仍然很高，超过了 $2m\Omega$。经过修复以后，1 号和 2 号蓄电池的 C_{10} 容量分别恢复到 312.3Ah 和 318.9Ah，均超过了蓄电池额定容量（即 300Ah），但低于新电池初始容量（见表 9-1）。而 3 号和 4 号蓄电池的 C_{10} 虽然有所提高，分别恢复到了 154.4Ah 和 54.6Ah，但仍然远远低于额定容量的 80%（即 240Ah）。1 号和 2 号蓄电池修复成功，而失效严重的 3 号和 4 号蓄电池虽然有一些修复效果，但容量仍然未达到合格线。

表 9-2　　　　　　　　　　蓄电池修复前后内阻及 C_{10} 容量变化

电池编号	内阻（mΩ）		C_{10}（Ah）	
	修复前	修复后	修复前	修复后
1	1.066	0.717	231.9	312.3
2	1.143	0.822	279.3	318.9
3	2.387	2.076	147.2	154.4
4	2.915	2.341	13.9	54.6

为了考察 1 号和 2 号蓄电池修复成功后的使用寿命，对这 2 只蓄电池进行高温加速浮充老化试验，老化温度为（60±2）℃，浮充电压设置为 2.20V。每连续浮充 1 个周期（30 天）后，蓄电池在浮充状态下冷却到（25±2）℃，进行 3h 率容量放电试验和 10h 率容量放电试验。一共进行了 5 个周期的高温浮充老化试验（相当于正常运行 5 年），试验过程 C_3 的变化见表 9-3。1 号和 2 号蓄电池的 C_{10} 在老化 2 个周期后上升到最高，分别达到了 346.7Ah 和 338.9Ah，这可能是添加修复液后，蓄电池内部再一次活化的过程。在之后的高温老化过程中，1 号和 2 号蓄电池的 C_{10} 缓慢下降，在完成第 5 个周期的老化之后 1 号和 2 号蓄电池的 C_{10} 仍然超过额定容量，分别为 301.9Ah 和 315.4Ah。在修复前后及修复老化后的 10h 率放电曲线如图 9-2 和图 9-3 所示。可以看出，在经过了 5 个周期的高温加速老化之后，经过修复的 1 号和 2 号蓄电池放电曲线仍然平稳，容量超过蓄电池的额

定容量。这说明经过修复的铅酸蓄电池寿命有望延长 5 年以上。图 9-4 为 2 号蓄电池修复前后两次高温老化过程的 C_3 容量变化曲线。可以清晰地看到，修复后蓄电池的 C_3 容量得到了恢复，甚至略微超过了新电池，且经受住了 5 个周期的高温加速老化试验。

表 9-3　　　　　　　　　　　　蓄电池修复后加速老化过程 C_3 容量变化

电池编号	C_3（Ah）				
	修复后老化 30 天	修复后老化 60 天	修复后老化 90 天	修复后老化 120 天	修复后老化 150 天
1	316.7	317.1	301.9	274.3	263.5
2	292.4	306.4	289.5	263.3	264.5

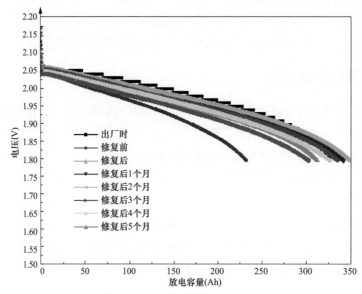

图 9-2　1 号蓄电池 10h 率放电曲线

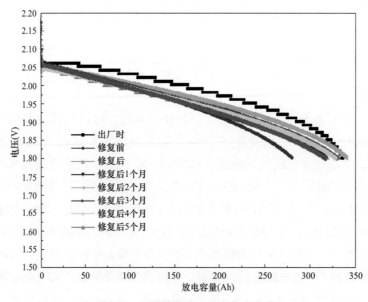

图 9-3　2 号蓄电池 10h 率放电曲线

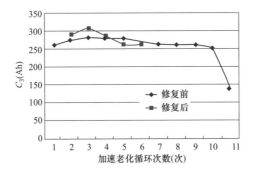

图 9-4　2 号蓄电池修复前后高温老化过程的 C_3 变化曲线

9.2.3　修复机理分析

　　为了更深入地了解修复前后蓄电池内部结构的变化，从一组失效的蓄电池组中选取 2 只性能相当的蓄电池作为对比样品，对其中一只进行修复。将经过修复的蓄电池和未修复的蓄电池分别拆解，对蓄电池正极、负极极膏进行扫描电子显微镜检测，其微观粒子的形貌变化如图 9-5 所示。由于蓄电池正极硫酸盐化不明显，修复前后活性物质的颗粒大小没有明显变化，修复后活性物质粒子表面包裹上了一层胶装物质，是修复液中的高分子材料，可以起到提高活性物质粒子之间导电性的作用。图 9-6 展示了蓄电池负极极膏在修复前后的表面和截面微观形貌，可以明显看到失效的蓄电池负极生成了许多硫酸铅晶体，其粒径达到数十微米，这些硫酸铅晶体具有很好的结晶性，基本不具有电化学活性，并且隔绝了活性铅颗粒之间的联系，阻碍了活性铅与电解液的接触，造成了蓄电池容量损失。通过修复再生以后，负极表面修复效果明显，大部分大块硫酸铅晶体都已经被破碎分解；负极极膏截面大颗粒硫酸铅晶体数量有所减少，但修复效果没有极板表面的修复效果好，极膏内部仍然有一些大块硫酸铅晶体，部分硫酸铅晶体粒径超过 50 μm。

(a)正极-修复前　　　　　　　　　　　　　(b)正极-修复后

图 9-5　蓄电池修复前、后正极极膏表面 SEM 照片

(a)修复前表面   (b)修复前截面

(c)修复后表面   (d)修复后截面

图 9-6   蓄电池负极极膏 SEM 照片

对比正常蓄电池负极海绵铅和修复后的蓄电池负极极膏 SEM 照片（见图 9-7），修复后的蓄电池负极极膏中大颗粒的硫酸铅晶体被破碎，但部分形成的物质仍然具有较好的结晶性，不像是海绵状铅，可能还是硫酸铅晶体。

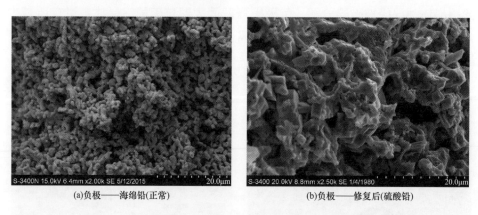

(a)负极——海绵铅(正常)   (b)负极——修复后(硫酸铅)

图 9-7   修复后的蓄电池与正常蓄电池负极极膏表面 SEM 照片

为了了解修复前后极膏成分变化，对修复前后负极极膏进行 X 射线衍射测试，并分析修复前后负极极膏中的物质组成。从图 9-8 的 XRD 谱图可以看出，修复前后极膏中均有 $PbSO_4$、$\alpha\text{-}PbO$、$\beta\text{-}PbO$ 和 Pb 存在，修复再生后 $PbSO_4$、$\alpha\text{-}PbO$ 和 $\beta\text{-}PbO$ 对应的特征峰强度降低，在 15° 和 18° 附近的特征峰几乎消失。表 9-4 列出了修复再生前后负极极膏中的物质组成，可以看出修复后负极极膏中的 $PbSO_4$ 质量分数减小，从 59.64% 降低到 43.13%，α-PbO 和 β-PbO 含量也有显著降低，而 Pb 质量分数大幅提高，从 17.25% 提高到了 47.68%，说明这一修复技术有效地将负极中的 $PbSO_4$、α-PbO、β-PbO 转化成了活性 Pb，从而使蓄电池容量得以恢复。

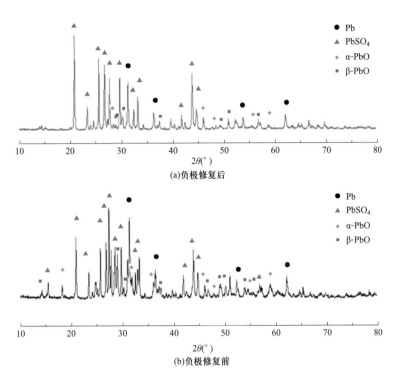

图 9-8　蓄电池修复前后负极极膏 XRD 图谱

表 9-4　　　　　　　　　蓄电池修复前后负极极膏中各成分含量

成分	质量分数（%）	
	修复前	修复后
$PbSO_4$	59.64	43.13
Pb	17.25	47.68
α-PbO	11.27	4.54
β-PbO	11.84	4.65

从测试结果来看，这种修复液的修复效果是比较明显的。通过添加修复液并施加合适的过充电，蓄电池负极铅膏，尤其是负极铅膏表面的大块硫酸铅晶体得到了破碎和分解，其中的一部分重新转化成了活性铅，这使得负极极膏中的活性物质含量增加30%以上，蓄电池内阻降低，从而使蓄电池的容量恢复到了额定容量以上。此外，高温浮充加速老化试验表明，修复成功的蓄电池在经过5个周期老化后10h率容量仍然超过额定容量，意味着修复后的预期使用寿命在5年以上。

需要说明的是，蓄电池失效原因具有多样性，很难说某种修复技术具有普适性。本文研究的样品是经过高温老化试验后失效的样品电池，能否代表从变电站退运的供应商、失效模式、失效程度等不同的大部分 VRLA 电池，还有待进一步研究。其次，对于修复之后的蓄电池，在运行过程中是否会出现新的短板，比如出现汇流排腐蚀，从而降低蓄电池的运行可靠性，也还需要进一步的研究。另外，修复必须具备经济性才有可能得到推广应用，而经济性除了受修复液的生产成本和修复效果影响外，还要考虑蓄电池筛选、人工、设备、运输、用电等成本，由于缺乏相关数据，本文对该技术的经济性不作进一步讨论。

9.3　整组铅酸蓄电池修复再生

对单体蓄电池逐一修复效率较低，在实际修复过程中，一般是对整组蓄电池进行修复。

9.3.1　修复流程

修复流程包括两部分，第一部分为检测作业，即蓄电池的初步检查筛选，铅酸蓄电池无论是外部还是内部存在物理损伤，均不在修复范围之列。第二部分为电池的修复作业，经过筛选被认为具有修复价值的蓄电池才会进入修复作业。详细修复流程如图 9-9 所示。

（1）外观检测作业：现场工程师通过肉眼查看蓄电池的外观是否出现漏液、膨胀、极柱破裂，保护层损坏等情况（如图 9-10 所示）。如果存在上述情况，则判断蓄电池不具备修复价值，作报废处理。

（2）电压/内阻检测：使用电导仪对蓄电池组中的每个单体进行电压、内阻检测并记录相关数据，由于内阻超过正常值 3 倍以上，或者单体电压低于 1V 的蓄电池单体，修复的难度较大，修复率低，可认为蓄电池不具备修复价值，作报废处理。

（3）内部结构检测：打开安全阀，使用强光手电筒或者内窥镜查看内部情况，若存在极板断裂、保护层脱落、极板粉化等内部损伤现象（如图 9-11 所示），则判断蓄电池不具备修复价值，作报废处理。

（4）分组活化：筛选后被判定为具有修复价值的蓄电池根据蓄电池的品牌、型号、使用周期等，做好基础信息登记，并根据检测作业获得的蓄电池内阻数据，按照内阻值相近的原则，将 6 个蓄电池作为一组进行分组、加液、静置。

添加修复液如图 9-12 所示。

（5）充电活化：将 6 个一组的蓄电池组按照以 I_{10} 电流充电至单体电压达到 2.5 ～ 2.6V 以进行活化。充电活化现场如图 9-13 所示。

（6）放电核容：充电活化后的蓄电池采用 10h 率进行放电核容，查看修复效果，如果容量恢复到标称容量的 80% 以上，视为修复成功；如果容量回升，但是未达到标称容量的 80%，继续进行下一步修复。

（7）深放电：对蓄电池进行深度放电，如图 9-14 所示。

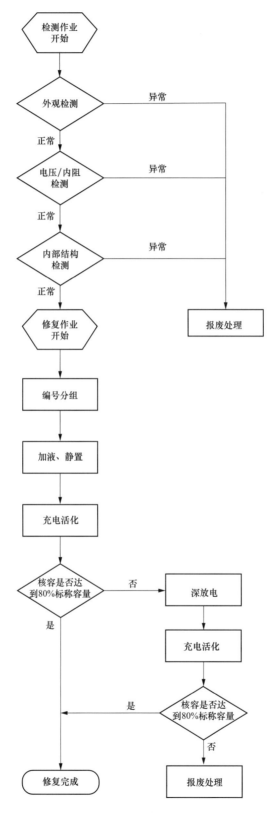

图 9-9　蓄电池修复流程

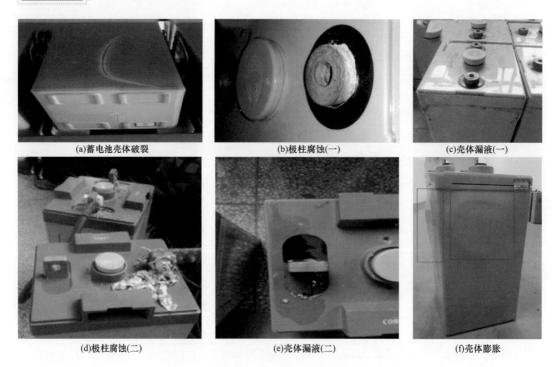

(a)蓄电池壳体破裂　(b)极柱腐蚀(一)　(c)壳体漏液(一)

(d)极柱腐蚀(二)　(e)壳体漏液(二)　(f)壳体膨胀

图 9-10　蓄电池壳体破裂、壳体膨胀、壳体漏液、极柱腐蚀等照片

(a)蓄电池保护层脱壳　(b)极板断裂　(c)极板粉化

图 9-11　蓄电池保护层脱落、极板断裂、极板粉化照片

图 9-12　添加修复液

图 9-13　充电活化现场

（8）二次活化：重复（5）、（6）再次进行活化及核容，如果容量恢复到标称容量的80%以上，视为修复成功；否则再进行一次活化，3次活化后容量未达到标称容量的80%的蓄电池，从时间和经济成本考虑，一般不继续进行修复。

（9）对蓄电池的安全阀进行检测，如阀门失效应进行更换。

（10）再一次检测电池电压和内阻，整理数据，出具修复报告，交付验收。

6V和12V单体组成的蓄电池的修复步骤和2V单体类似，主要差别是添加修复液的量不同。6V和12V单体分别是有3个和6个2V单体单元串联而成，因此每个单体有多个排气阀，一个2V单体单元就有一个排气阀，每个排气阀内加入的修复液的量和修复2V单体（标称容量相同的情况下）的量相同，也就是说修复相同容量的12V和2V单体，12V单体添加的修复液的量是2V单体的6倍。

图9-14 蓄电池深放电照片

12V蓄电池添加修复液的照片如图9-15所示。

9.3.2 修复案例

图9-15 12V蓄电池添加修复液的照片

对于整组蓄电池修复效果，用以下案例进行说明。

2015年4月，对某电网公司110kV变电站的蓄电池组进行检测和修复。该组蓄电池由108只2V/300Ah的蓄电池组成，蓄电池组于2005年12月投运，于2014年12月退出运行，服役9年。修复前，整组蓄电池端电压为95.3V，单体蓄电池的开路电压普遍偏低，只有0.8~0.9V，部分单体内阻偏高。经过放电测试，放电容量为71Ah，为标称容量的23.67%，蓄电池组容量不合格。

蓄电池组修复现场照片如图9-16所示。

根据图9-9所示蓄电池修复流程对这组蓄电池进行修复。修复过程具体操作如下：

（1）打开蓄电池的上盖片和安全阀，采用内窥镜检查蓄电池是否存在失水现象，加入一定量的修复液（一般情况下，按电池容量100Ah每个单体加入90~130mL计）。加水后需再次检查，确保液面不超过隔膜，静置6~10h后抽取可能多余的流动液体，确保隔

图9-16 蓄电池组修复现场照片

膜充分湿润但是没有流动液体为宜。

（2）经过常规充放电步骤后，补加一定量含活性剂的硫酸溶液（按蓄电池容量计算，每 100Ah 蓄电池补加修复液 5～10mL），蓄电池不放电，直接采用 $1.5I_{10}$ 电流过充电 3h，带电抽为贫液式；再按上述方法加液，改用 I_{10} 电流过充电 2h，带电抽为贫液式；再加液，改用 I_{20} 电流过充电 1h（期间将游离电解液抽至贫液态后）停止，然后进行放电。

采取如下步骤进行修复：

1）先用 I_{20} 恒流充电 2h，再用 I_{10} 恒流充电 2h，静置 0.5h。

2）再用 I_{10} 恒流充电 7h，静置 0.5h。

3）再用 $0.8I_{10}$ 恒流充电 3h，静置 1h。

4）再用 $I_{20}C$ 恒流充电 3h，静置 0.5h。

5）最后用 $0.3I_{10}$ 恒流充电 5h，结束。

6）若经上述步骤以后，蓄电池容量未恢复至 90% 以上的，按照上述程序再进行一次修复充电。

经多次循环，蓄电池容量恢复至额定容量的 100% 左右时，结束充放电循环，完全充电静置 2～4h 以后抽取可能多余的流动液体，确保隔膜充分湿润但是没有流动液体为宜。然后采用 I_{10} 进行一次充放电，标定蓄电池容量，将蓄电池充满存放。

将蓄电池排气阀重新安装上，固定好。

整组蓄电池经过修复后，为了验证修复效果，对蓄电池组进行核容。设定终止条件为：①放电时间大于或等于 8.5h；②蓄电池组总电压小于或等于 194.4V；③单体电池电压小于或等于 1.8V。核容放电过程中，满足以上 3 个条件中的任何一个条件时视为放电结束。

从图 9-17 和图 9-18 可知，修复后蓄电池的开路电压均上升到了正常水平，蓄电池内阻也都有所下降。

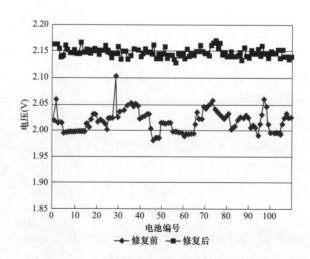

图 9-17 修复前后单体蓄电池开路电压对比

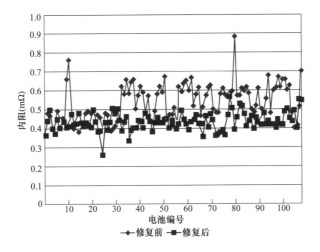

图 9-18 修复前后单体蓄电池内阻对比

在对修复后的蓄电池组进行 10h 率核容放电过程中，经过 8h 8min 的放电，蓄电池组放电容量为 243.86Ah，达到标称容量的 81.29%，放电容量合格。此时单体蓄电池最高电压为 1.927V，最低电压为 1.866V，蓄电池组仍有放电余量。

除了对蓄电池进行科学的管理维护外，延长蓄电池最有效的手段是蓄电池修复维护。在蓄电池出现硫化导致容量下降时，应该及时进行蓄电池修复工作。对于作为后备电源应用的铅酸蓄电池可以在蓄电池容量接近 80% 时，加入蓄电池修复液，在原有的直流系统中进行充电活化，此时硫化程度较轻，通过这种简单的修复工作，可以有效消除硫化，提升蓄电池容量，延长使用寿命。对于硫化程度较重的蓄电池，可以采用离线修复的方法进行修复再利用，但是蓄电池性能越差，修复难度越高，修复成功率越低，因此，建议尽早实行蓄电池修复维护才能有效延长蓄电池使用寿命。

修复后蓄电池组核容放电曲线（10h 率）如图 9-19 所示。

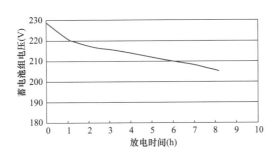

图 9-19 修复后蓄电池组核容放电曲线（10h 率）

参 考 文 献

[1] 郭炳焜，李新海，杨松青.化学电源——电池原理与制造技术［M］.长沙：中南大学出版社，2009.

[2] 徐海明，周艾兵.变电站直流设备使用与维护培训教材：阀控密封铅酸蓄电池［M］.北京：中国电力出版社，2009.

[3] 刘广林.铅酸蓄电池工艺学概论［M］.北京：机械工业出版社，2011.

[4] 桂长青.动力电池［M］.2版.北京：机械工业出版社，2012.

[5] 秦鸣峰.蓄电池的使用与维护［M］.北京：化学工业出版社，2011.

[6] 李宏伟，张松林.阀控式密封铅酸蓄电池实用技术问答［M］.北京：中国电力出版社，2004.

[7] 周志敏，周纪海，纪爱华.阀控式密封铅酸蓄电池实用技术［M］.北京：中国电力出版社，2004.

[8] 施永梅.阀控式铅酸蓄电池在直流电源系统中的应用［J］.上海电力，2002(6)：52-53.

[9] 李正家.VRLA 蓄电池的寿命与在线容量判定［J］.邮电设计技术，2001(2)：38-43.

[10] 李峥，张恭政.VRLA 蓄电池容量落后原因分析［J］.蓄电池，2002(02)：58-59.

[11] 季虎.一起蓄电池引发的事故分析［J］.电力安全技术，2007(9)：32.

[12] Ruetschi P. Aging mechanisms and service life of lead-acid batteries［J］. J. Power Sources,2004,127(1-2):33-44.

[13] Pavlov D. Lead-Acid Batteries Science and Technology［M］. Amsterdam:Elsevier B V,2011.

[14] Pavlov D,Dimitrov M,Petkova G,et. al. The effect of selenium on the electrochemical behavior and corrosion of Pb-Sn alloys used in lead-acid batteries［J］. J. Electrochem. Soc. ,1995,142(9):2919-2927.

[15] Pavlov D,Rogachev T,Nikolov P,et. al. Mechanism of action of electrochemically active carbons on the processes that take place at the negative plates of lead-acid batteries［J］. J. Power Sources,2009,191(1):58-75.

[16] Yan J H,Li W S,Zhan Q Y. Failure mechanism of valve-regulated lead-acid batteries under high-power cycling［J］. J. Power Sources,2004,127(1-2):33-44.

[17] D. Berndt. Valve-regulated lead-acid batteries［J］. J. Power Sources,2001(95):2-12.

[18] B. Culpin. Thermal runaway in valve-regulated lead-acid cells and the effect of separator structure［J］. J. Power Sources,2004(133):79-86.

[19] 唐海军.变电站阀控式密封铅酸蓄电池充电控制策略的比较与分析［J］.华中电力，2005(06)：52-55.

[20] 戎春园.变电站阀控式密封铅酸蓄电池失效原因分析及对策［J］.低碳世界，2013(14)：32-34.

[21] 易映萍，王国志，姚为正.电力系统中蓄电池放电技术的探讨［J］.湖南工程学院学报（自然科学版），2006(01)：1-4.

[22] 张磊，魏晓斌，张光.阀控式密封铅酸蓄电池的容量与温度关系分析［J］.内燃机车，2007(09)：19-26.

[23] 术守喜，亓学广，陶鑫，等.阀控式密封铅酸蓄电池的寿命及失效分析［J］.通信电源技术，

2006(06)：63-65.

[24] 曾建华.影响阀控式密封铅酸蓄电池寿命的因素及对策 [J].广西水利水电，2006(02)：53-55.

[25] 董权.影响铅酸蓄电池寿命的几个因素及对策 [J].蓄电池，2010(05)：236-238.

[26] 太宽善，杜桂梅，廖强.正极铅膏密度和板栅锡含量对循环寿命的影响 [J].蓄电池，2006(01)：3-7.

[27] 成建生.提高铅酸蓄电池寿命方法的研究 [J].电源技术，2011(01)：71-74.

[28] 王坚.慢脉冲快速充电加速铅酸蓄电池寿命测试的研究 [J].蓄电池，2010(03)：288-289.

[29] 王志全，于所亮.环境温度对阀控密封铅酸蓄电池使用寿命的影响 [J].通信管理与技术，2008(03)：39-40.

[30] 吴寿松.阀控式铅酸蓄电池的一项较大改进 [J].电池工业，2001(03)：103-104.

[31] 胡杰，吴喜攀，陈文艺.浮充电压对阀控式铅酸蓄电池寿命的影响 [J].蓄电池，2011(01)：31-35.

[32] 赵禹唐.固定型阀控铅酸蓄电池寿命 [J].电源技术，2000(01)：61-62.

[33] 吴敏.国外铅酸蓄电池负极添加剂研究综述 [J].蓄电池，2004(04)：180-185.

[34] 伍瑾斐，巨辉，秦东兴.胶体蓄电池组状态监测方法研究 [J].蓄电池，2012(06)：273-277.

[35] 王鹤，杨宏，王雪冬，等.王鸿麟延长阀控密封铅酸蓄电池寿命研究——过充电保护与温度补偿特性 [J].电源技术，2001(03)：206-207.

[36] 马一峰，韩玉.延长变电站阀控式蓄电池使用寿命的日常维护方法 [J].蓄电池，2010(01)：30-32.

[37] 曹才开.延长阀控密封铅酸蓄电池寿命的研究 [J].电源技术，2004(06)：354-357.

[38] 黄尚南，蔡剑华，黄颖健.一种环保铅酸蓄电池再生液浓缩液及其制作方法 [P].中国：CN 104505553A，2015-04-08.

[39] D. Berndt. Valve-regulated lead-acid batteries [J]. J. Power Sources,2001(100):29-46.

[40] L. T. Lam,N. P. Haigh,C. G. Phyland,A. J. Urban. Failure mode of valve-regulated lead-acid batteries under high-rate partial state-of-charge operation [J]. J. Power Sources,2004(133):126-134.

[41] P. T. Moseley,D. A. J. Rand,B. Monahov. Designing lead-acid batteries to meet energy and power requirements of future automobiles [J]. J. Power Sources,2012(219):75-79.

[42] A. Cooper,P. T. Moseley. Progress in overcoming the failure modes peculiar to VRLA batteries [J]. J. Power Sources,2003(113):200-208.

[43] 王吉校，王秋虹.VRLA 蓄电池的失效模式研究 [J].蓄电池，2008(2):58-61.

[44] 王珺，冯铁民，高红祥，等.汽车用铅酸蓄电池的主要失效模式分析 [J].蓄电池，2012(6)：284-286.

[45] 孙玉生，刘玉辉，舒达，等.浮充型阀控铅酸蓄电池失效模式探讨 [J].电池工业，2003(2):56-59.

[46] 胡信国，童一波，毛贤仙.阀控式密封铅酸蓄电池的最新发展 [J].蓄电池，2001(3):33-41.

[47] 马永泉，戴常松，王常波，等.电动自行车 VRLA 电池热失控现象分析及解决办法 [J].蓄电池，2009(1)：7-10.

[48] 焦其帅，陈瑞珍，郝宏强，等.电动自行车用铅酸蓄电池失效形式统计分析 [J].蓄电池，2009

(4)：169-172.

[49] 陈建，相佳媛，吴贤章，等.Pb-Sn-Me 铅酸电池板栅合金的耐腐蚀性能研究［J］.电源技术，2013, 137(12)：2170-2173.

[50] 李金涛.变电站阀控式铅酸蓄电池的故障分析与运行管理［J］.广东电力，2008, 21(9)：76-78.

[51] 宋会平，杨东熏，卢萍，等.李永祥变电站蓄电池状态监测与在线核容活化研究［J］.湖北电力，2016(04)：29-31.

[52] 邓渝生，赵应春，叶云.变电站用蓄电池在线有源逆变核容放电研究［J］.华东电力，2012(02)：0313-0315.

[53] 黄勇达.基于模拟量监控的远程蓄电池容量在线测试方法［J］.通信电源技术，2012(02)：103-104.

[54] 胡元清.通信基站蓄电池远程实际负载在线核对性容量测试［J］.通信电源技术，2011(04)：83-84.

[55] 向小民，周百鸣，徐星渺.蓄电池剩余容量在线监测的探讨［J］.电源技术，2009(03)：213-216.

[56] 朱永祥.蓄电池剩余容量在线检测方法研究［J］.长沙大学学报，2006(05)：39-41.

[57] 高明裕，张红岩.蓄电池剩余容量在线检测［J］.电测与仪表，2003,37(9)：25-29.

[58] 张恩利，候振义.蓄电池剩余容量在线检测的改进方法［J］.UPS应用，2003, 36(11)：33-35.

[59] 欧阳名三，余世杰.VRLA蓄电池容量预测技术的现状及发展［J］.蓄电池，2004(2)：59-66.

[60] 詹宜巨.神经网络方法在蓄电池建模中的应用［J］.太阳能学报，1997, 18(4)：452-456.

[61] 桂长清，刘瑞华.密封铅酸蓄电池内阻分析［J］.通信电源技术，2000, 30(1)：19-21.

[62] 夏勇.锁相放大技术在蓄电池内阻检测中的应用［J］.电子技术应用，2004, (3)：21-23.

[63] 夏勇.蓄电池内阻在线监测装置的研究［J］.通信电源技术，2003, 20(6)：35-38.

[64] 江莉，李富永.精确测量蓄电池内阻方法的研究［J］.电源世界，2006, (6)：28-29.

[65] 孙洁君.阀控铅酸蓄电池组在线状态检测及故障预报算法研究［D］.山东大学，2007.

[66] 于雷.后备铅酸蓄电池在线诊断与活化技术的研究［D］.哈尔滨工程大学，2007.

[67] 朱前伟，孙小进，汪丛笑，等.VRLA蓄电池在线监测系统设计［J］.工矿自动化，2009, (8)：12-14.

[68] 龙顺游，强锡富.阀控铅酸蓄电池劣化程度预测研究［J］.哈尔滨工业大学学报，2003, (1)：118-121.

[69] 王群.阀控式铅酸蓄电池的维护、故障原因及监测［J］.宁夏电力，2007, (5)：60-63.

[70] 孙立峰，孙福，赵月飞.蓄电池在线检测方法研究［J］.军械工程学院学报，2009, 21(1)：53-55.

[71] 陈镇中.阀控铅酸蓄电池的内阻与其剩余容量监测［J］.新乡师范高等专科学校学报，2007, 21(5)：42-44.

[72] 薛振框，郑荣良.电动汽车蓄电池剩余电量计量技术的研究［J］.江苏理工大学学报，2001, 22(2)：51-55.

[73] Mark J. Hlavac, David Feder. VRLA Battery Conductance Monitoring［J］.IEEE, 1996：632-639.

[74] Chen Xi, Yu Shuibao, Yang Zhenhua. Study on VRLA Batteries on-line monitor［J］.ICEMI, 2007：606-610.

［75］ Sanjay Deshpand C, David Shaffer, Joseph Szymborski, Leigh Barling and John Hawkins, Intel-ligent Monitoring System Satisfies Customer Needs for Continuous Monitoring, Assurance on VRLA Batteries. IEEE, 1999, 28(3): 61-67.

［76］ 朱雪松.变电站蓄电池的在线监测和管理［D］.浙江大学，2011.

［77］ 邓辛路.阀控式密封铅酸蓄电池在线监测技术应用与研究［D］.华南理工大学，2011.

［78］ 徐剑虹，袁玲.阀控式铅酸蓄电池 VRLA 在线维护技术的应用研究［J］.通讯电源技术，2008 (3)：84-86.

［79］ 王秀菊，李莉.电力电源中蓄电池失效模式及在线监测［J］.电源技术，2004(12)：790-793.

［80］ 安宁.蓄电池在线监测管理系统在变电站的应用［J］.供用电，2008(6)：41-43.

［81］ 关大凯.蓄电池在线内阻在直流电源系统中的监测技术及运用［J］.元器件，2010(3)：30-34.

［82］ 李雪萍.铅酸蓄电池容量在线检测技术研究［J］.电工技术，2010(11)：72-74.

［83］ 程江洲，温叶新，冯正华.变电站蓄电池性能远程在线监测系统研究［J］.电源技术，2010 (34)：710-712.

［84］ 陈亮，莫雪梅.基于 PI 数据库的变电站直流系统多状态量监测与预警［J］.浙江电力，2011 (47)：41-43.

［85］ 史相玲.蓄电池在线监测系统的研究［D］.河北农业大学，2009.

［86］ 张晓东.国内外蓄电池监测系统的现状及发展趋势［J］.农机化研究，2002(3)：23-24.

［87］ 高鹏，崔君莹，白瑞雪.阀控密封式铅酸蓄电池的原理及其运行维护［J］.电源技术应用，2009 (11)：23-25.

［88］ 陈红雨，黄镇泽，郑圣泉，等.铅酸蓄电池分析与检测技术［M］，化学工业出版社，2011.

［89］ 李强.复合脉冲式铅酸蓄电池修复系统的研究［D］.青岛大学，2012.

［90］ 朱光辉，侯振义.一种铅酸蓄电池脉冲修复充电电路研究［J］.电源技术，2011(2)：1090-1094.

［91］ 唐国鹏，赵光金，吴文龙.铅酸蓄电池修复技术进展［J］.电源技术，2016(7)：1526-1528.

［92］ 白艳川，王公正，康丽婵，等.超声修复有记忆性铅酸蓄电池研究［J］.电源技术，2015(1)：95-112.

［93］ Karami H., Asadi R. Recovery of discarded sulfated lead-acid batteries［J］. J. Power Sources, 2009,191(1):165-175.

［94］ 雷昳，王春芳，张永超.高频谐振式铅酸蓄电池修复系统的研究［J］.电力电子技术，2012(4)：29-31.

［95］ 黄尚南，吴俊凯，刘尊福，等.一种多路蓄电池修复装置［P］.中国：CN 203481332 U, 2014-03-12.